青年
社會創新

（第一本實戰指南）

兼具商模與永續，
年輕世代邁向公益實踐 →

慈濟慈善事業基金會・Impact Hub Taipei／著

目次

6 ── 推薦序
青年投入創新與公益，第一本實戰指南
馮燕｜臺灣大學社工系名譽教授、慈濟慈善基金會董事

8 ── 前言
攜手青年，創造社會共好

第一部
打造社會創新生態系

11
- 由人民的力量而起
- Impact Hub Taipei：四大服務發揮影響力
- 社會創新：未來各式議題的解方之一
- 社會影響力評估工具：影響力邏輯模型（Impact Logic）、社會投資報酬率（Social Return on Investment, SROI）
- 青年創新的培力與孵化：Impact Hub Taipei 與青年公益實踐計畫

第二部
臺灣社會創新趨勢⋯6大領域精彩案例

17
6大領域29組案例解析&專家點評
- 李應平｜台灣好基金會執行長
- 黃國峯｜政治大學 EMBA 執行長
- 顏博文｜慈濟慈善基金會執行長

趨勢一　社會關懷

18　① 搖滾爺奶：熟齡說故事戰隊，活出「老有所用」的新想像

22　② 我們都有病：年輕病友社群，用生命影響生命的真實發聲

24　③ 萬華大水溝二手屋：以二手物串聯社區互助網絡，給人和物翻轉的機會

28　④ One-Forty：致力移工教育和培力，啟發一段自我實現的跨國旅程

32　專家點評
- 創造自助兼助人的正向循環｜李應平
- 讓「善實力」流動｜顏博文

趨勢二 人文教育

- 34 ⑤ 遠山呼喚⋯發展跨國界教育系統，陪資童們尋找改變之路
- 38 ⑥ Skills for U⋯倡議用技能與社會對話，為技職生態圈注入創新動能
- 41 ⑦ 玩轉學校⋯議題式遊戲教學，陪孩子玩出核心素養
- 46 ⑧ 城市浪人⋯透過體驗教育模式，激勵年輕人跨出舒適圈
- 49 ⑨ Ibu 部落共學團隊⋯結合教育、文化與地方創生，陪伴原鄉青少年探索生涯藍圖
- 54 ⑩ 讓狂人飛⋯整合知識轉譯與 AI 技術，為偏鄉與弱勢提供高效線上學習
- 58 ●專家點評
- 60 用教育種下改變｜顏博文
- 66 ⑪ 改變世界大推手⋯小學生掀動改變的漣漪，在地共好守護社區永續
- 70 ⑫ Factory NextGen⋯打開工廠大門創造體驗，翻轉小製造的未來

趨勢三 地方創生

- 74 ⑬ 幸福食間⋯以農扎根，強化產業價值鏈助偏鄉
- 78 ⑭ 逆風劇團⋯以藝術陪伴為起點，接住每一位迷途的青少年
- 82 ⑮ 其雄木偶劇團⋯傳承布袋戲文化，將技藝嵌入學校教育及社區生活
- 84 ●專家點評
- 87 多元觀點助力在地永續｜顏博文
- 92 從地方的每一個小起點守護永續家園｜李應平
- 96 ⑯ 格外農品⋯為格外品創造新價值，與土地、農民、消費者共生共好
- 100 ⑰ 湛。AZURE⋯高科技湛鬥機清海廢，集眾之力找回潔淨海洋
- 104 ⑱ 大地好朋友⋯串接人與資源，為家鄉開墾友善農業的創新多元
- ⑲ 元沛農坊⋯創新農業整合服務，用科技幫助人與環境共益
- ⑳ AIPal 你的農業好夥伴⋯無人機與 AI 勘災農田，災損評估農民不再苦等

趨勢四 環境永續

- ●專家點評
- 融合科技實踐人與環境共好｜黃國峯
- 共好的實踐｜顏博文

趨勢五 循環經濟

- 106 ㉑ Ubag：二手袋循環資訊平臺，牽起店家和消費者減塑減廢
- 110 ㉒ 梨理人農村工作室：將循環、創新引入農村，為果樹木農棄物開發再生商機
- 114 ㉓ 巧婦織布工藝工作室：為農村婦女創造友善工作環境，編織出植感循環經濟
- 119 ㉔ 卡維蘭：發掘格外品的幸福滋味，與高山果農並肩維繫偏鄉命脈
- 123 ㉕ iGoods 愛物資：搭起捐贈者與公益單位的橋梁，不再怕愛心變成負擔
- 126 ㉖ 青瓢：建立環保容器租賃系統，助消費者輕鬆達成永續行動
- 130 ●專家點評 小蝦米力扛循環經濟議題｜黃國峯
- 132 ㉗ 立足日常體現環保永續｜顏博文

趨勢六 醫療創新

- 136 ㉘ 台灣行動兒童療育協會：永續早療前進偏鄉，攜手家庭和社區穩定在地資源
- 139 ㉙ 健康盟：主打秒懂衛教影音，搭起全方位醫病溝通橋梁
- 142 窩新生活照護：一站式輔具服務，用專業讓照護好窩心
- ●專家點評
- 用愛心與耐心填補醫療空白帶｜黃國峯
- 145 從同理心出發護守健康｜顏博文

第三部
全球社會創新趨勢：國際精彩案例

- 146 前言 百花齊放的青年社會創新 6大領域12組精彩案例解析

趨勢一 社會關懷

- 148 1 巴基斯坦｜She'Kab：訂閱制共乘汽車服務，婦女安心出行更享自主
- 150 2 澳洲｜Orange Sky：無家者行動洗衣服務，照顧衛生更創造真誠交流

趨勢二 人文教育

- 152　3 印尼｜Kalam Labs⋯
  用遊戲翻轉兒童科學教育，創造沉浸式、高互動線上教學
- 154　4 美國｜KaiPod Learning⋯
  靈活的學習小組模式，實體交流為線上教育加分

趨勢三 地方創生

- 156　5 印尼｜CROWDE⋯
  創建小農P2P融資平臺，打破務農資金與信貸瓶頸
- 158　6 柬埔寨｜SALASUSU⋯
  手作工廠兼學校，賦能婦女活出自我價值

趨勢四 環境永續

- 161　7 美國｜TerraCycle⋯
  資源循環的商業創新，聯手品牌化廢成金做公益
- 163　8 荷蘭｜Willicroft⋯
  開發純素乳酪，倡議過渡性農業守護地球

趨勢五 循環經濟

- 165　9 美國｜Chicago Tool Library⋯
  提供工具租借服務，共享經濟降低資源浪費
- 167　10 加拿大｜Plastic Bank⋯
  結合區塊鏈與塑膠回收生態系，為海洋減廢並扶貧

趨勢六 醫療創新

- 169　11 中國｜叮噹快藥⋯
  打造O2O一條龍醫療平臺，全天候在線問診、送藥到家
- 171　12 葡萄牙｜HeartGenetics⋯
  基因檢測客製化方案，精準增進人們健康福祉

推薦序
青年投入創新與公益，第一本實戰指南

馮燕・臺灣大學社工系名譽教授、慈濟慈善基金會董事

第一次直接接觸到慈濟人，是在二〇〇九年八八莫拉克風災的災後重建工作中，看到很多傳說中的慈濟志工，身穿藍衣白褲，在幾個臨時收容中心忙碌穿梭，似乎跟我們社福界組成的八八聯盟服務體系沒有太多交集，仍然十分欽佩她們從發放慰問金、送餐送水、膚慰陪伴受災眾，到籌建大愛村安置災民的各種努力，都井然有序，迅速到位。也因此在二〇一三年當我借調行政院政務委員，兼任賑災基金會董事長，看到章程明定董事會中一半是民間團體時，特邀慈濟基金會代表，參加二〇一四年設立的「民間災害防救服務聯繫會報」，期能借重慈濟豐富有效率的救災經驗，分享給政府與民間相關組織，讓會報組織在災防業務上能合作無間，迅速穩健應對，降低災變發生的全民損失。後來得知慈濟人不僅救災做得好，遍布全國各地的環保站，更是吸引了大量的高齡志工，每天到環保站工作，互相支持、共餐共食、身心安頓、快樂健康，完全符合當時政府努力推展「社區長者關懷據點」，促進活躍老化、降低失智失能以致需要長照風險的政策，故而於當年向慈濟基金會的林碧玉副總執行長請益，詢問

慈濟環保站加入社區據點的可能性，她很快盤點出數百個高功能的環保站，升級成社區據點，快速擴大了長照預防性服務的影響力。因而當我二〇一六年五月份離開行政院返回臺大任教後不久，接到林副總不顧我非佛教徒身分，徵詢我加入慈濟慈善基金會董事會意願時，欣然允諾，加入慈濟團隊行人間道的公益行動行列。

參加慈濟基金會董事會最大的喜悅，是有很多機會可以跟睿智可愛的董事長證嚴法師交流，感受到大宗教家既出世又留意人間的大愛情懷和神奇魅力；每次聆聽上人的教誨，都讓我敬佩之餘，增加更多想努力把公益做好的動力。一次聊天中，上人詢問我「現在年輕人想要什麼？」，我跟上人報告我曾在行政院推動「青年圓夢網」、鼓勵青創、發展社會企業生態圈的經驗，順勢向上人建議，以慈濟的眾多人才和資源，分享出來定能提供臺灣年輕人更多更好的發展機會，譬如說舉辦公益青創提案競賽，吸引更多青年投入公益，加以栽培、造福社會。可敬可愛的上人沉吟一下，溫和地評論：「這個想法很好，可是為什麼叫『青創』呢？『重創』『輕創』都不好啊……總之，該

做的就去做吧!」我聽來只覺心中一軟,這就是一位慈悲為懷、看盡人間疾苦、有不忍人之心的宗教家呢!告辭出來後,碧玉師姊就對我說:得到上人的祝福了,要好好去做哦!

幸運的是,慈濟基金會裡本就有一批熱情有創意的青年同仁,經過幾輪的討論後,二〇一六年底前在董事會提出「新青年、新曙光一慈善創心計畫專案」獲通過,二〇一七年初就推出了第一期「就將一就是不一Young」慈悲科技救災研習營,和以「慈濟青年公益實踐計畫」為學名的「Fun大視野一想向未來」公益提案競賽,期能跟更多關懷社會的有志青年結緣,為有愛心有能力的青年創造機會。更棒的是,當發現這種新的提案競賽工作超出原有作業模式時,基金會立即決定要結合外部組織來共同執行,而且放棄有人推薦的資深公關公司,獨具慧眼地選擇與當時只有三、四位青年夥伴,仍在初創階段的「臺北好室」(Impact Hub Taipei, IHT)合作,不但豐富了本身就是青創社會企業的IHT資源與經驗,促使其日益茁壯,也

在合作交流的過程中,讓慈濟基金會的青年同仁得到很多專業成長的機會。而承辦「Fun大視野一想向未來」專案的IHT的確也不負所託,在與慈濟同仁的良好溝通合作之下,以慈濟五十週年時全會策略規劃活動共識提出的六大永續領域為藍圖,迄今已連續辦了七屆以「公益孵化」為目標的提案競賽,前後共實質鼓勵了七十多個公益創新團隊,為臺灣公益和社企生態圈中注入了大量的活水。

如今,慈濟基金會與臺北好室(Impact Hub Taipei)團隊均有極為繁重的工作承擔,仍願挪出心力來整理前三屆中二十九個獲獎團隊的成功經驗,加上國際發展實例,編輯成冊與有志創新與公益的人士分享,讓人感佩又驚豔——原來臺灣的公益生態圈中有如此充沛的創新量能,在慈濟和臺北好室的加持下發光發熱,持續為臺灣社會注入美好的希望!期盼能鼓舞更多有志青年,攜手前進,以創意與熱情投入能改善社會、滿足社會需求、促進環境永續的公益使命。

前言

攜手青年，創造社會共好

過去十年，全球共同面臨了許多的挑戰：因新冠疫情、俄烏戰爭所致之糧食短缺、戰爭衝突、人道救援、能源危機、地緣政治動盪等社會問題，全球人口高齡化、貧富不均所帶來的嚴峻挑戰，追求經濟成長而導致的環境污染、氣候變遷等環境問題。而在疫情過後的 VUCA 時代，整個社會的產業結構、經濟水平、生活型態等都越來越多變，這些衝擊也讓人類重新思考我們與地球的關係，也因此我們期待透過創新思維找到更好、更永續的解決方案，並且創造更多新的機會，解決地球當前的種種挑戰，以創造一個更美好而永續的未來。

也因此，社會企業慢慢在全球萌芽發展，透過商業模式驅動社會使命，翻轉過往非營利與公益端大量倚靠捐款補助的模式，用更永續的營運方式驅使社會問題被解決。在臺灣，社會企業也在政府推動社會企業行動方案與其他中介組織的努力下，慢慢被社會大眾認識與接受，現在平均每三個人就有一個人認識。而近年，在臺灣政府推動社會創新行動方案下，用更大的架構來看社會企業與社會創新，用更廣的創新思維與方式，涵蓋各利害關係人，並從中找

到最適合與最好的方法來解決我們所觀察到的社會問題。

截至今日，臺灣因為有公、私部門、第三部門共同積極推動，越來越多年輕人與組織開始思考如何用社會創新解決社會、環境的挑戰，並尋求進一步結合聯合國永續發展目標（SDGs），這個由聯合國公告，全世界全人類所共同面對的十七項不同的社會、環境、經濟發展的挑戰，而慢慢的，永續發展目標也漸漸在這幾年成為大家對話、協力合作的共同語言。

慈濟慈善事業基金會已邁入五十八年，我們秉持初衷，持續走入社區，深耕慈善服務，善盡證嚴上人創立慈濟「為佛教、為眾生」的使命。尊重生命是慈善的本質，不論時間、空間、或人與人之間，只要是攸關生存、生活、生命等存在價值，不分國界、族群、宗教與性別，我們從不輕易放棄關懷的即時性，同時積極參與聯合國 NGO 平臺會議，發揮國際影響力；所幸多年來，因慈善救助之故，與全球政府單位、慈善組織成為合作夥伴，在社會共榮的路上難行能行，亦步亦趨的前進。

基金會在國內的發展更是重要根基，包括早期在偏鄉

建立慈濟醫院，到進入二十一世紀開展的四大志業、八大腳印。隨著社會進步，大眾對於慈善組織的治理與監督日益關切，二○一五年是慈濟啟動「組織優化」、「財務透明」及「社會責任永續」三大目標的元年。該年因慈濟內湖園區案引起社會關注，加速我們優化的腳步，以回應社會各界的期待與建言，更符合國際INGO的規格與高標準。因此我們委請安侯建業聯合會計師事務所提供專業服務，同時將「強化董事會治理」及「提升行政管理效能」的重點聚焦在「強化董事會治理」及「提升行政管理效能」兩大面向，於同年發行第一本永續報告書，主動揭露永續資訊。同時，作為一個國際性的慈善組織，我們的責任跟承擔是希望幫助大眾在助人中找到人性的價值，並思考如何將此價值與社會脈動接軌，因而在二○一六年基金會的董事會上，董事馮燕教授提出「慈善創心計畫」構想，希望慈濟將累積五十年的經驗、資源與社會大眾共享，提供年輕人需要的支持和舞臺；後續基金會宗教處團隊加入籌劃，草擬計畫執行內容，並尋求與Impact Hub Taipei合作，討論與確立方向，正式將計畫定名為「Fun大視野 想向未來──青年創新推動計畫」。

我們樂見青年人匯聚發揮創意，以「公益行善關注公益」的理想出發，發揮地球村的力量，關心需要被幫助的人、事、物、故與Impact Hub Taipei，共同打造與推動「Fun大視野 想向未來──青年創新推動計畫」，以「公益孵化」、「永續發展」為核心，並結合基金會的六大友善願景及聯合國十七項永續發展目標，開展出一系列由青年出發的社會參與活動。推動前期，透過「救將！防救災體驗營」、「未來思塾」、「創心小聚」等活動，帶領年輕人認識未來趨勢思考未來議題的解方，並開始起身行動。年度的旗艦計畫「慈悲科技創新競賽」、「青年公益實踐計畫」，則是透過徵件、長期培力與資源媒合，進一步讓許多青年的公益計畫得以獲得更多支持與關注。而「青年創新推動計畫」因作為基金會有史以來第一個與外部組織合作的大型創新計畫，整個團隊也在過程中邊做邊學，不斷修正調整，有了當前大家所看到相對完整的全臺第一個公益孵化加速器樣貌，透過「公益資訊、公益教育、公益基金、公益研究」四個面向，為社會注入正能量。

團隊本著「攜手青年，創造社會共好」的初衷，持續深耕「公益孵化」的概念，並奠基於過往執行的經驗，更聚焦及優化此計畫，以整合更多產、官、NPO與學界的資源，培養臺灣社會創新與公益行動人才，匯聚社會創新所需具備的各項技能，鼓勵更多青年藉由這個公益孵化平臺

1：VUCA為易變性（volatility）、不確定性（uncertainty）、複雜性（complexity）、模糊性（ambiguity）之縮寫。

勇於創造改變，成為社會影響力的種子。

在這幾年的推動下，我們發現，社會創新與公益倡議，漸漸引領年輕世代走出一種新型態的社會運動，許多年輕人願意挽起袖子，到前線解決社會問題，透過創新的商業模式、資源整合及跨域合作，勇敢回應臺灣各種亟需關注的風險與挑戰，而在青年公益實踐計畫第一至第三屆陪伴的三十三個團隊中，計有十個（約三成）是以非營利組織的型態推動他們社會創新與公益的行動，有二十一個（約七成）則是以社會企業或公司型態運作，其中所回應的問題以環境保護、循環經濟佔大宗，其次為教育創新、慈善創新，而後是地方創生、社區營造的議題，在在呼應了聯合國制定永續發展目標的三個基礎面向：環境、社會與經濟。

面對嚴峻的未來，我們雖憂心，卻不退縮，專注於各項慈善服務，深化慈善服務品質。面對各方的期待，我們以「慈濟精神價值」為核心，以「邁向永續」為最終目標，為人類永續、地球永續而努力。

青年公益實踐計畫與未來展望

正如前面所述，下一個對社會創新領域的挑戰，除了規模化，還有國際化。「青年公益實踐計畫」從慈濟基金會推動至今（二○二四年），已邁入第七屆，孵育陪伴了七十七個團隊，其中約百分之五十為一般企業或個人團隊，百分之三十五為社會企業，百分之十五為非營利組織，而團隊的議題則以循環經濟、教育創新、地方創生為大宗。

更在第五屆起，擴大延伸至亞太地區，面向華語社會的青創團隊進行徵件招募，以匯聚亞太地區社會創新行動人才，加速臺灣與亞太團隊的交流及合作。

第 1 部

打造社會創新生態系

國際性組織 Impact Hub
是以「孵化與加速為核心」的影響力培育中心,
整合各方力量,
扮演起「連結需求方與供給方」的橋梁,
促成社會創新團隊發展出能解決問題
且可朝向規模化的影響力商業模式,
驅動跨域的正向改變。

由人民的力量而起

二〇〇〇年,一群充滿著理想與抱負,來自英國威爾斯大西洋學院的年輕畢業生,希望能夠挑戰現狀、突破框架,因此他們在倫敦皇家節日音樂廳(Royal Festival Hall)的千禧年活動中,說服諾貝爾獎得主和有影響力的思想家們,針對從全球環境、社會和政治議題之間的關聯進行辯論,最終甚至連達賴喇嘛也以影片的方式進行了演講。

此項大膽創舉,讓他們受邀主辦二〇〇二年在約翰尼斯堡聯合國永續發展世界高峰會議(2002 United Nations World Summit on Sustainable Development, WSSD)中的一項非政府組織活動;然而令人感到意外的是,他們當時並沒有接受邀請,而是規劃了另一個更具有意義的活動——「人民高峰會」(People's Summit)。他們與索維托(Soweto,位於約翰尼斯堡西南方,是南非最大的黑人城鎮,人口將近百萬)當地的倡議家一起合作,將一處鄉鎮荒地改造成索維托希望之山,期待將這裡建設為一個結合藝術及環境教育的社區中心,也因此這裡又有一個別名為「SoMoHo」(South Mountain of Hope)。由民間自行主辦的人民高峰會影響力超越了聯合國原本的高峰會議,甚至他們也成功地邀請到了國家元首以及當時的聯合國秘書長科菲·安南(Kofi Annan)來到活動現場。

回到英國後,他們開始構思如何將這樣的觀點帶入既有的職場生態中,從而幫助人們思考如何去從事能夠解決世界議題且更有目的性的職業。在審視現有的社會脈絡過程中,他們發現了一個突破點:人們其實在日常中就會討論出具有影響力的想法並且化為行動,而非獨善其身般的置身事外。二〇〇五年,隨著更多合作者的加入,局面也開始有所改變,當時的團隊找到了倫敦一處破舊閣樓,作為能夠將這些個體創業家和創新者們聚集在一起的場域,這個地方更在日後成為 Impact Hub 的前身。

到了二〇〇八年,全世界一共有九間 Hub,遍布在三大洲。而在二〇一一年,創始團隊依照新的方向,建立了一由下而上的民主治理模式,也標誌著 Hub 成為了一個真正以集體智慧為核心的組織。二〇一三年,Hub 網絡開始將重心著重在以目標為導向的創新活動,並將 The Hub 改為更符合新方向的名稱「Impact Hub」。截至目前,Impact Hub 網絡在全球擁有超過二萬四千五百名以上的成員。

Impact Hub Taipei:四大服務發揮影響力

Impact Hub Taipei 則是由陳昱築與張士庭共同創辦,歷經十四個月艱辛的交涉,終於成功於二〇一五年取得 Impact Hub 總部的信任與授權。Impact Hub Taipei 不僅是華語世界第一間 Impact Hub,也是目前亞洲十一個 Hub 中發展最

12

完整的，同時更是亞洲第一個獲得B型企業認證的Impact Hub。

此外，Impact Hub Taipei 也是目前臺灣以「聯合國永續發展目標」（SDGs）與社會創新為核心理念的共享空間及孵化器，不僅成功吸引具有「社會目的性」的團隊進駐，並協助進駐團隊更有效與需求端連結，擴大其市場影響力。再者，也是臺灣目前最具有直接國際連結與網絡的社會創新中心。

Impact Hub Taipei 的願景在於「創造臺灣的永續社會影響力」，而其使命則是「建立臺灣社會創新的生態系統，攜手政府、企業與社會創新組織一同推動社會的變革，創造可量化與可規模化的社會影響力，並達成聯合國永續發展目標。」

而為了要達成使命與願景，Impact Hub Taipei 在臺灣以「老屋新生空間營運」、「社會創新孵化加速」、「企業永續顧問服務」與「全球社群網絡計畫」為主要的四大服務。這八年多來，Impact Hub Taipei 已從過往以「匯集社會目的導向團隊的共同工作空間，執行社會創新相關活動」的商業模式，轉變為以「孵化與加速為核心」的影響力培育中心，另外也在「企業永續顧問服務」領域嶄露頭角。

Impact Hub Taipei 團隊以 SDGs 與社會創新為核心理念。

Impact Hub Taipei 與慈濟慈善事業基金會共同合作 Fun 大視野 想向未來 青年創新推動計畫

社會創新：未來各式議題的解方之一

全世界 Impact Hub 的創辦人都相信，在現在社會及環境的議題比任何時候都受到世人重視的時刻，想要解決問題，唯一的方法就是串聯「利害關係人」，整合各方力量，建立起一個有效、永續的獲利模式；而 Impact Hub 的網絡就在這中間，扮演起「連結需求方與供給方」的橋梁。不僅協助在「Hub」中進駐、參與孵化器的夥伴，激發想法來驅使跨域的正向改變，亦提供相關資源，促使其發展出能解決問題且可朝向規模化的影響力商業模式。

上述所提及解決環境、社會議題為主的創新模式，成為了現今社會倡議的「社會創新」，其能夠處理的議題更加多元，而且在當今科技、技術、資源以及社群緊密連結下，可以創造出更具規劃性的社會價值。

經濟合作暨發展組織（Organization for Economic Cooperation and Development, OECD）也將「社會創新」視為解決未來社會問題的新策略，也是青年創業、社會企業發展的重要方法。在其網站上亦提及，「社會創新」涉及概念、流程、產品或組織的變革，旨在改善個人和社會中的各式問題。民間社會所採取的許多倡議，在處理社會經濟和環境問題方面被證明是創新的，同時又可以促進經濟發展。

然而，光靠民間的力量並不足以促成全面且系統性的改變，因此政府的政策引導也相當重要。在二〇一八年臺

14

灣行政院公布的「社會創新行動方案」中，就揭示政府從六大策略，一起與生態系中的利害關係人，共同來打造更友善的社會創新發展環境。這樣的發展脈絡不僅在臺灣，鄰近的東亞國家韓國，還有在歐洲許多的先進國家如荷蘭，也都是在公私部門協力下，一同建立更加適宜的「社會創新生態圈」。

在各國政府串聯以及努力下，「社會創新」已開始成為國家、企業、社會以及大眾間重視的議題之一，然而「社會創新」仍有許多面向需要公私部門再投入更多資源，才能促使整體環境更加健全。

● 適當的對話空間與辯論環境，建立共同利益與目標：建立一致的發展目標，且找到願意一同參與共創的夥伴，並在過程中思考與反饋出最適合利害關係人的合作計畫。

● 培養公民永續意識，並重視青年的社會認知與社創參與：全球危機將只增不減，對於社會創新組織的決策者來說，需隨時保有危機應變的能力，才能夠在混沌的情況下提供正確的應變決策。

● 強化組織的彈性管理，與培養決策者的危機應變能力：在驅動社會創新發展上，青年扮演重要的助力角色。尤其責任意識強烈的Z世代崛起，成為社會創新的良好助力。

● 科技與永續的結合是未來趨勢，相輔相成產生加乘效果：隨著科技不斷演進，社會創新開始逐漸從傳統服務人的服務，轉為以科技工具輔助的服務模式。社會創新領域中的數位轉型，不僅可以提高效率與永續性，更可以擴大影響力。

● 吸引更多資本投入社會創新產業，共創財務永續性：近年來，越來越多的社會創新專案受到投資者的青睞，也因此越來越多「影響力投資」機構的興起，為社會創新提供了更多的資金和資源，進一步推動了社會創新的發展。

● 建立跨國界的社會創新生態系統，共同實踐全球永續性：新冠疫情為全球帶來了嚴重的影響，但同時也促進了許多新的社會創新。後疫情時代的社會創新將更加關注公共健康、社會正義、環境永續等議題，因此跨領域合作已成為解決社會問題的重要途徑。

社會影響力評估工具

建立和發展「社會創新生態系統」，可以促進社會創新的創造和傳播，擴大社會創新的影響力和可持續性，然而究竟該如何驗證其影響力，以作為對內、對外溝通的證明，從而更好地衡量其成效與貢獻呢？以下是Impact Hub Taipei通常會採取的兩個通用性社會影響力評估工具：

● 影響力邏輯模型（Impact Logic）：這種方法是建立一個框架，描述一個事件從其投入（Input）的資源（時

間、人力、資金等)、產生的活動(Activities)、達成的成果(Output),到促成的效益(Outcome)。透過追蹤與評估,來確立其社會影響力。

● 社會投資報酬率(Social Return on Investment, SROI):建立在前述的影響力邏輯模型上,透過建立一個經濟模型,將事件鏈中的每一個階段賦予相對應的市場價格,從而計算出其投資報酬率(社會影響力產生的財務效益比上所投資的資源成本)。

透過影響力的評估,來衡量社會創新行動對社會和環境的影響,從而更好地評斷其成效與貢獻。此舉亦有助於增強社會創新組織的永續性,同時為社會創新組織的發展促成更多的資金支持。

青年創新的培力與孵化:
Impact Hub Taipei與青年公益實踐計畫

二○一七年慈濟基金會推出「Fun大視野 想向未來—青年創新推動計畫」,透過公益教育、資訊、培力、推廣與研究等面向,結合基金會長期在公益領域的累積,打造出一個協助臺灣青年公益計畫實踐的平臺。這個計畫能夠推出,除了基金會內部的共識、資源整合與長期的承諾,更在當時馮燕政委(國立臺灣大學社會工作學系教授)的穿針引線下,讓Impact Hub Taipei能與慈濟基金會的夥伴共

創,為臺灣的社會創新生態圈注入了一股新的資源與能量。

Impact Hub Taipei則扮演著孵化加速的角色,除了擔任總導師,陪伴入選團隊進行為期一年的成長旅程,也提供過往鏈結的網絡資源,助攻團隊有更好的動能繼續往前,放大其影響力。

在「青年公益實踐計畫」孵化過程中,Impact Hub Taipei最看重「團隊(創辦人)素質與能力」、「產品(服務)可持續性」以及「社會影響力」這三大面向,因此一年的孵化器中,在模組化課程、業師輔導、人脈與資源鏈結上,都會以這三者為核心。這不僅呼應前述Impact Hub Taipei協助團隊更有效與需求端連結,擴大其市場影響力,亦展現中介組織於社會創新中存在的價值。

Impact Hub Taipei認為,下一個對社會創新領域的挑戰,不僅在於規模化,還有國際化,另外結合創新的科技以及多元的合作模式,亦可將本業的問題化為轉機。因此透過慈濟基金會的網絡與「青年公益實踐計畫」的資源挹注,未來可以協助更多具有社會使命的團隊,成就其創建更永續的商業模式,讓商業與社會價值(即影響力)並行,以此來引領下一個世代的未來發展。

第 2 部

臺灣社會創新趨勢：6 大領域精彩案例

臺灣年輕世代已漸漸走出一種新型態的社會運動，
透過創新的商業模式、資源整合及跨域合作，
到前線解決環境、社會與經濟等諸多問題。
在此將帶大家認識透過青年公益實踐計畫
這個公益孵化平臺培力的 29 組團隊，
看他們在社會關懷、人文教育、地方創生、環境永續、
循環經濟、醫療創新這 6 大領域，
如何發揮創意落實關懷，推進各種型態的在地實踐。

趨勢一：社會關懷 #銀髮產業 #教育新創

① 搖滾爺奶
熟齡說故事戰隊，活出「老有所用」的新想像

熱愛說故事的林宗憲（大家都稱呼他為「巧克力」），在就讀臺藝大戲劇系時就開始帶領人們說故事，二〇〇五年創立「故事島」幼兒學習樂園，培養一群廣受孩子與家長喜愛的年輕專業的說故事高手。儘管故事島每年營業額千萬，看似成功的事業，但面對少子化與高齡化的人口結構轉型，以及市場導向的經營方針，故事島逐漸偏離了林宗憲對故事原初的期待和想像。在二〇一五年林宗憲毅然決然結束故事島，回到最單純也是他最擅長的故事培訓。

二〇一六年一則「全臺自殺人口中二五・九％是六十五歲以上的高齡者」的新聞，刺激林宗憲開始去思考當臺灣推動老年長照時，維護了長者的生理健康，但是不是忽略了心理健康？雖然同時各地紛紛出現活化銀髮人力的團體，有的是快閃廚房、長者快遞等，但林宗憲更想讓長者跨出同溫層，參與社會，多與人交流互動，於是從自身豐富的故事培訓經驗出發，選擇了更搖滾的方式──帶著爺爺奶奶組成說故事戰隊，幫助他們走出既有圈子，重新找到老年價值，退而不休。

為了更了解長輩，林宗憲利用兩年時間，到各式各樣的機構與他們互動，蹲點累積的觀察，讓林宗憲更堅定要發展長者故事培訓的想法。「在長照的過程中，很難去滿足他們自我實現的部分。來我這邊的爺爺奶奶都還是要有所謂的身體自主權，擁有身體自主權後，你趕快去做身體還可以、趕快去做身體還可以做的事。」林宗憲透過繪本共讀徵選出有潛力的爺爺奶奶，編隊出去說故事。他讓長者走出舒適圈的同時，也讓其他人看見不同一般的長者，原來老也可以老得活力、老得自信、老得這麼做自己。

學習成長連帶活絡了身心

林宗憲分享道：「搖滾爺奶中的『搖滾』，是由搖滾樂發想，意謂著為社會不公不義發聲、倡議及翻轉文化。原本亞州文化所教導的『尊敬長者』，劃分出階級地位使得長者被侷限，被後輩『服務得好好的』長者卻失去向新世界學習的機會。」在培訓過程中，他以前對故事島的夥伴有多嚴格，現在對爺爺奶奶就有多嚴格，不會因為對象是年輕人或年長者就有所調整。「我就是覺得我們要好好對故事負責，我們就是要好好說話，好好說一個故事。」

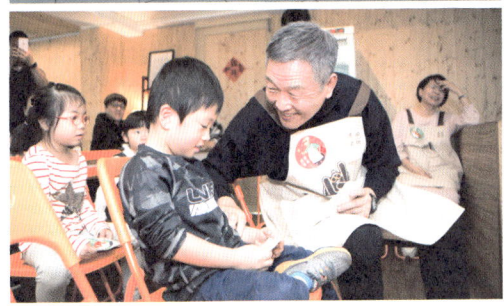

右上：被暱稱為「巧克力」的林宗憲發展出長者故事培訓的服務機制。右下：熟齡長輩透過繪本共讀強化了社會參與和自我實現的滿足感。左上：搖滾爺奶的第一場表演帶給團隊成員滿滿的成就感。左下：2017年12月搖滾爺奶在有心咖啡與故事小聽眾交流互動。圖片來源｜搖滾爺奶，FUN大視野

拋開年齡界線，才有可能真的將人視為人來平等對待。

「搖滾爺奶」一開始多在幼兒園說故事，透過生動活潑的說書方式，讓小朋友與長輩零距離。然而林宗憲覺得這樣依舊不夠，希望能在現場反應更真實的地方進行，例如咖啡廳。這個地方的特點是，爺爺奶奶們不能挑選觀眾，而且觀眾的年齡也跨大至零歲到九十九歲。觀眾的反應是殘酷的，當說書的效果不如預期時，在檢討會當中，林宗

團隊小檔案：搖滾爺奶

- 2017年由林宗憲創立，為推廣熟齡說故事服務的社會企業。
- 希望藉由故事開啟大家對老年的想像，重新定義老年生活，同時促進高齡族群心理健康的提升，找到自我價值。

社會影響力：

- 北、中、南至今累計600位高齡者加入。
- 定期舉辦熟齡夥伴聚會並提供繪本培訓超過300場次。
- 志工自組服務小組至關懷據點、長照中心、學校機構提供說書服務。
- 媒合「搖滾爺奶說書趣」外場表演，據點包含故宮、親子館、園遊會、百貨公司、書展等場所，累積超過1200場。
- https://zh-tw.facebook.com/RockYeNai/

#第一屆 #SDG3、SDG4、SDG10

趨勢一：社會關懷　#銀髮產業　#教育新創

憲不會直接告知如何改進，更不會在當下立即叮嚀爺爺奶奶或直接指揮他們，而是讓他們自發性的想出解決方案，使腦筋活起來。林宗憲相信，讓爺爺奶奶們從挫敗中學習是最好的方式，透過走出舒適圈與走進社會，讓他們不斷學習不斷精進自己。

「搖滾爺奶說書趣」獎勵與成就感兼備

搖滾爺奶以「繪本共讀」作為付費的教育課程創造盈餘，提供給五十歲以上的熟齡族開啟對老年的新想像。一堂課三小時，一個月一梯次提供三堂課，共讀六本繪本。培訓完成的爺爺奶奶，以「說書戰隊」的方式進行社會參與，目前共有六個小隊，小隊長（共同創業夥伴）由二十至四十歲的青壯年組成，每隊有七位爺奶，由小隊長帶領「搖滾爺奶說書趣」的公開活動。

每次演出後，小隊長會針對爺奶們的演出認真地做「筆記」。每兩個月，會有一次整日免費的大培訓。林宗憲設計課程的目的不是要訓練出專業表演者，而是要訓練長者的彈性與靈活性，以及對說故事的專業性。參與說書的爺奶並非強制性質，隨時都可以退出小隊。林宗憲說：「這群爺奶其實非常勇敢，站在第一線勇於面對不同年齡層觀眾的反應與回饋，不論好或壞，可以想像他們面對演出的心理壓力。」

而搖滾爺奶的制度，不只是學員們必須付費才能拿到

繪本，還要上課學習。林宗憲認為有付出才會有收穫，每個月只要有出去說故事並且回報的爺奶，回「娘家」時，林宗憲就會依據紀錄發紅包。雖然金額不大，卻是最好的鼓舞與動力。「透過說故事賺錢，讓他們很有成就感。」

由價值創造價格，林宗憲設計這套循環機制，把爺爺奶奶繳交的學費又回饋給他們。「我原本就沒有想要靠這項服務賺錢。」用公益及社會企業的理念經營，林宗憲目的在培養種子學員，把「老有所用」的理念傳播出去。

用搖滾精神挑戰年輕新花樣

搖滾爺奶的經營模式不走補助申請，除了企業認購邀

奶奶們發揮個人的表演創意把說故事變成第二專長。圖片來源｜搖滾爺奶，FUN 大視野

20

黃金圈分析

- 提倡「老有所用」的熟齡社會企業

- 喚醒熟齡的美好生活
- 提供熟齡教育的場域
- 倡導熟齡正向心理學
- 活躍老化之觀念推廣
- 代間學習與青銀共創

- 熟齡繪本推廣與共讀
- 熟齡說故事培力課程
- 熟齡人力活化社群平臺

演,主要以繪本共讀為主,還曾經開設手作羊毛氈課程,來訓練長者的專注力。在他們的夢想牆上寫著對搖滾爺奶未來興圖的想像:繪本共讀、搖滾爺奶說書趣、後青春繪本館、老童話論壇劇場、老頭殼(Talk)講座、高齡課程、老得協會等。而林宗憲的終極目標是打造共老宅的搖滾公寓,他期待各式各樣瘋狂的事都可能在裡頭發生,是一個吃飯睡覺、累了可以休息的地方。而其他時候,居民們要一起出走、服務社會,體驗生活,繼續用搖滾的精神,翻轉這個世界。

林宗憲不會用任何積極主動的方式強迫年輕人接受「老」的議題,而是透過詼諧有趣的方式,讓更多的人可以關注到老人議題,也讓長輩跨出舒適圈,挑戰年輕新花樣,期待「青銀交流」成為再自然不過的事情。

> 「你開始重新看待老年生活了嗎?不管是你的,或是長輩的。」
> ——搖滾爺奶

採付費機制的熟齡故事培訓於課程結束後會頒發結業證書。圖片來源｜搖滾爺奶,FUN 大視野

趨勢一：社會關懷 #弱勢關懷 #健康照護

② 我們都有病
年輕病友社群，用生命影響生命的真實發聲

「我們都有病」的命名由來，是因其中三位創辦人Ani、Ruru、Mina，都在人生正昂揚衝刺的階段，各自罹患了不同的疾病。因為深諳疾病為病友的生、心理所帶來的巨大壓力，於是在二〇一八年四月成立不分病別的年輕病友社群「我們都有病」，除了想幫助同樣受困於病的廣大朋友們，也想藉此命名告訴大家：「你，並不孤單，因為我們同樣都有病。」

線上線下給予病友支持陪伴

我們都有病成立之初，主要是透過定期舉辦講座、分享會、音樂會與論壇等實體活動服務病友。後來由於新冠肺炎疫情升溫，許多線下活動出現諸多限制，我們都有病決定轉換型態，改以「線上」為主，像是每週一篇的病友故事專訪、病友投稿信箱，還有後續兩本專為癌友設計的線上電子書，希望能持續幫助到更多有需要的病友。

二〇二一年先推出的電子書《乳癌旅行手札》，由我們都有病與臺灣年輕病友協會共同策劃，目標是建立「最懂乳癌病友的衛教指南」。歷時一年的時間，訪問四十八位乳癌病友，以病友觀點出發，從衛教知識，到日常生活後勤照護，包括飲食、運動、環境、心理支持等，全方位協助病友。罹患乳癌是對女性的一大衝擊，希望透過這本電子書，能讓病友減少對未知的恐懼。

二〇二二年推出的《癌友假髮指南》，則是我們都有病與癌友有嘻哈、里里子假髮品牌共同策劃的專題，目標是建立「幫助癌友排除所有假髮問題」的電子書。歷時八個月的時間，訪談三十二位癌症患者，搜集他們第一頂假髮如何選擇、對是否要購買破萬元醫療級假髮的看法、免費假髮資源及假髮使用常見Q&A等。掉頭髮是癌友做完化療後的常見副作用之一，外貌改變經常讓病友感到自卑，希望藉由這本電子書，讓病友即便生病了，還是可以活得耀眼自在！

《癌友假髮指南》訪談畫面。圖片來源｜我們都有病，FUN大視野

病友真實發聲填補資訊斷層

團隊成立之初，發現病友們認為疾病是很私人的事情，

通常比較不敢把自己的疾病說出來，使得剛罹患同種疾病的病友產生了資訊斷層，找不到適切的資料來源，無法參考別人是怎麼真正經歷病程的。

而從開始撰寫病友故事專訪、各個病友生命的轉變及治療歷程後，根據所得到的回饋，這些文字都能直接或間接地影響到更多的人。例如，曾經有病友欲放棄治療，卻因為看了我們都有病粉專文章，了解原來還有這麼多病友積極面對看似黑白的未來，並依然把人生過得很精彩、很有顏色，而重拾希望。病友前輩們的經歷故事，讓生病的人知道自己並不孤單，也有助於緩解在治療上或面對外在社會的恐懼心情。

社群從成立至今，已有五千多位病友，撰寫逾二百位病友的故事，總觸及超過二百萬人，讀者包括病友、照顧家屬、一線醫病人員，以及重視健康議題的社會大眾。讓臺灣許多病友及照顧者，更加了解患病的歷程和心理變化，減低焦慮與害怕，也讓非病友的讀者，學習如何與病友相處、更加重視身體健康。

二〇二〇年，我們都有病從原本的社群組織，正式登記為股份有限公司，致力於打造「病友媒體」，以社會企業為目標，提供更多素人病友發聲的機會，繼續用生命影響生命。

「一起打造，我有病我驕傲，我沒病挺有病的病友友善社會！」
——我們都有病

團隊小檔案：我們都有病

- 2018 年 4 月由 Ani、Ruru、Mina、Eric 四人共同創辦的年輕病友社群，2020 年轉型為打造「病友媒體」的社會企業。
- 致力於提供素人病友發聲的機會，期望透過病友前輩的經歷用故事影響生命，一起打造病友善社會。

社會影響力：

- 社群已有 5000 多位病友，撰寫超過 200 位病友的故事，總觸及逾 200 萬人。
- 2020 年倡議「免疫療法健保給付放寬」，於 JOIN 平臺連署達 5000 人，前進衛福部與相關政務人員探討健保議題。
- 2020 年集結病友故事出版《我們都有病：逃避，有什麼關係？致為病拚搏的年輕世代》（布克文化發行）。
- 2021 年推出乳癌病友衛教指南《乳癌旅行手札》電子書（臺灣年輕病友協會共同策劃）。
- 2022 年推出《癌友假髮指南》電子書（癌友有嘻哈、里里子假髮品牌共同策劃）。
- https://www.facebook.com/aboutSick/

#第二屆 #SDG3、SDG8、SDG10

黃金圈分析
WHY / HOW / WHAT

- 為病友創造值得驕傲的發聲舞臺

- 提供最懂病友的支持陪伴
- 為病友提供線上線下的發聲管道

- 定期舉辦講座、分享會、音樂會與論壇等實體活動服務病友
- 出版疾病相關衛教電子書
- 凝聚病友聲音倡議相關公共政策議題
- 採訪素人病友故事於社群媒體分享
- 提供有病匿名投稿信箱，助其透過社群真實發聲

趨勢一：社會關懷 ｜ #弱勢關懷 #健康照護

趨勢一：社會關懷　#弱勢關懷　#循環經濟

③ 萬華大水溝二手屋
以二手物串聯社區互助網絡，給人和物翻轉的機會

二手屋所在的南機場聚集許多弱勢群體，在就業和物資運用上都需協助。圖片來源｜大水溝二手屋，FUN 大視野

位於臺北西區的萬華，是許多都市貧困者聚集的地方，特別是南萬華的一帶的南機場，如大水溝所在的忠勤里即為貧困社區。過去的都市計畫在此建造許多整合式住宅，因坪數小、屋況老舊而使租金低廉，許多貧窮者聚集於此生活，且多數為近貧的「社會救助邊緣戶」，經濟已有困難，但因為家庭、戶籍等法律問題，難以取得社會救助的資格，因此陷入孤立無援的情況。

「萬華大水溝二手屋」是由深耕於萬華地區的兩個組織——台灣社區實踐協會與人生百味——共同發想而誕生的二手商店。兩者長期在貧窮議題投入關注與努力，雖然主要服務的對象不同，但他們卻發現了彼此間共通的問題，這些問題不僅與物相關，更與人有著千絲萬縷的關係。

對於這兩個組織或相關議題有所關注的大眾，常希望藉由物資捐贈貢獻一己之力，但這些物資有時並不真的符合組織服務對象的需求。除此之外，他們也發現所服務的弱勢群體，在就業上需要更多的協助與機會。因此，他們希望找到一個新的方式，能夠讓這些物資被重新有效利用，同時又能創造合適的就業機會。「萬華大水溝二手屋」就在這樣的背景下誕生，期待成為解決物資誤捐與弱勢就業的新解方。

以「社區經濟」結合「社會工作」

大水溝二手屋，運用創新的方式，以「社區經濟」結合「社會工作」，建立一個由社工、居民與貧窮家庭組成的在地互助社群，以二手屋為媒介，透過二手物大量的整理工作，整合整個臺北市過剩浪費的物資，將二手物再生

24

大水溝二手屋的核心成員長期關注貧窮與廢舊物資循環利用議題，（左起）世廷、承勳、貴智、阿崴。
圖片來源｜大水溝二手屋，FUN 大視野

團隊小檔案：萬華大水溝二手屋

- 2020 年成立於萬華的二手商店，由台灣社區實踐協會與人生百味共同策劃催生，人生百味夥伴張貴智擔任店長。
- 希望建立由二手物串聯的社區互助網絡，藉由讓廢棄物資重生為可用於交換或販售的資源，為在地貧窮者創造友善的工作機會。

社會影響力：

- 從成立至今，讓 15000 件物品獲得二次生命。
- 與IKEA合作，協助再生將要淘汰的報廢品。
- 舉辦 20 場免費市集、5 場里長社區活動，累計協助 30 位媽媽媒合社區彈性工作。
- 免費配送 100 件生活必需品給低收入戶。
- https://zh-tw.facebook.com/gutter2ndchance

#第三屆　#SDG8、SDG10、SDG12

變成貧困社區中友善的工作機會，也讓二手物成為可以銷售的商品與可以交換的資源。這樣的模式，一方面讓廢棄物再生，減少現代社會快速消費所製造的資源浪費問題，一方面建構起貧困社區中平等友善的資源網絡，改善貧困家庭的生活環境。

二手屋也扮演著貧窮者有機會進入良善工作環境的起點，讓他們從長期穩定的工作狀態中，吸收更多的能量，

趨勢一：社會關懷　#弱勢關懷　#循環經濟

趨勢一：社會關懷　#弱勢關懷　#循環經濟

進而對自己產生自信，鼓起勇氣拋開過去遭受歧視、甚至暴力對待的經驗。團隊中一位單親媽媽，因為有輕度的智能障礙，過去找工作時往往四處碰壁，但因為她會有撿拾回收的經驗，所以二手屋中二手物資分類整理的工作，對她而言相當得心應手，為團隊帶來很大的助益，這讓她在工作上獲得滿滿的成就感。「只要讓人們找到適合的位置，他就能夠發揮出一百二十分的能量！」二手屋店長貴智表示。

而同為萬華在地組織的台灣社區實踐協會與人生百味，是二手屋最堅強的後盾。前者協助二手屋鏈結當地人脈與資源，讓他們能夠更快的融入當地生活，獲得在地居民認同；而善於網路行銷的人生百味，則協助進行線上推廣，讓二手屋可以被更多人認識。

陪伴青少年的成長基地

在萬華有些青少年因為對學習沒有熱情，選擇翹課外遊蕩，甚至因此誤入歧途。看見這樣的現象，萬華大水溝二手屋認為，讓這些青少年找到一件自己願意專注其中的事情相當重要，而不是強迫這些人回到校園。由自身的專業與服務項目發想，他們展開與台灣社區實踐協會的合作，由協會協助轉介青少年，二手屋則負責定期舉行電器維修課程，讓這些對於未來道路充滿迷惘的大孩子能夠不再無所事事，並藉此培養一技之長。

店長貴智表示，未來希望制定一個制度，讓這些青少

右上：店長貴智認為弱勢者只要在適合的位置同樣能發揮極大的工作能量。右下／左頁：二手屋不僅是一間商店，更構成一個串聯社工、居民與貧窮家庭的在地互助社群。左上：故障電器在維修夥伴世廷的巧手下重新完好如初。左下：被人們丟棄的物品經過修繕或改造後往往又能發揮功能。圖片來源｜大水溝二手屋，FUN 大視野

26

黃金圈分析
WHY
HOW
WHAT

- 創造由二手物串聯的社區互助網絡，解決在地物資誤捐與弱勢就業問題

- 以「社區經濟」結合「社會工作」
- 扮演「準備性職場」，將二手物再生變成貧困社區中友善的工作機會
- 讓二手物成為可以銷售的商品與可以交換的資源

- 二手物品修繕與販賣，創造物品的第二生命
- 透過二手物大量的整理工作，提供貧窮者友善的工作環境
- 免費配送生活必需品給低收入戶
- 為青少年定期舉行電器維修課程，助其習一技之長

翻轉貧窮印象與消費習慣

一旦發現故障後，卻會不經思考地將物品丟棄，選擇購買新的商品，這是一種資源浪費，相當可惜。

人們往往只看見了事物的表象，而忽略背後隱藏的真實。當我們丟棄電器時，看見的是功能的缺失，而非被修復的可能性；當我們捐贈物資時，看見的是奉獻的善意，而非真正的需要；當我們對於弱勢群體提出質疑時，看見的是他們不去工作，而非背後可能的苦衷。

因此，萬華大水溝二手屋的存在，正是希望提醒大家重新思考這些長期被大眾所忽視的現象，「我們希望能夠有更友善的方式，不管是對人、對事，都能夠有第二次的機會去發展。」貴智說。

萬華大水溝二手屋打造的不僅是一個讓人們以低價購買所需物資的商店，更重要的是希望翻轉許多根深蒂固的印象與習慣，給予貧窮者適合的機會，也提供人們更多消費的可能性。

「每一個人與物在經過耐心的了解、打磨，與找到適合他／它的位置後，都能發揮最大的潛力。」
——萬華大水溝二手屋

年可以在二手屋幫忙來累積時數，換取想要但卻沒有經濟能力購買的物品。從青少年的角度出發，將這些不願意待在校園、卻沒有其他去處的青少年，從茫然未知的路上，轉向一個更加清晰的方向。或許未來，萬華大水溝二手屋將會成為這些青少年最棒的成長基地。

談及萬華大水溝二手屋的理念，貴智忍不住對一些現象有感而發，首先最想提醒大家使用與拋棄物品的習慣。團隊在物資整理過程中發現，部分的電器雖然看似無法使用，不過藉由負責維修的夥伴世廷進行檢查與修復後，可能僅需要半個鐘頭就能夠完好如初地使用。但人們

趨勢一：社會關懷 #弱勢關懷 #教育新創

④ One-Forty
致力移工教育和培力，啟發一段自我實現的跨國旅程

One-Forty 的團隊中多半是臺灣人，但卻多多少少與東南亞移工有所連結。創辦人陳凱翔因為大學畢業後的一趟旅程，發現許多自己在菲律賓認識的朋友，他們的家人甚至父母就在臺灣工作，自此開啟了他與移工的緣分。有些團隊夥伴則是因為家中有請看護、從小就由移工照顧等理由，而與移工產生連結。另外，也有夥伴是因為自身在外交換、留學或是工作，深切體會過身在異鄉被排擠、被歧視的孤獨感，對於初入異鄉的困境感同身受，所以更加關注這些遠離家鄉的移工們。

其實，移工與我們的距離並不遙遠，只是大多數人並沒有試圖去了解，因而讓他們成為我們最熟悉的陌生人。但 One-Forty 希望打破這樣的現狀，讓更多人看見他們真實的模樣。

啟發移工實踐夢想的勇氣

週末，人來人往、來去匆匆的臺北車站大廳，聚集著來自四面八方的旅客，成立之初的 One-Forty 就在這裡，招募他們第一期的學生。面對著移工狐疑的眼神，團隊只能萬分真誠、耐心地的說明是真的想要幫助他們，「十個有八

個會拒絕啊！因為他們以為我們是賣電話卡的，不然就是背後是仲介。」陳凱翔說：「但真的沒有什麼特別的方法，只能這樣慢慢累積，因為至少還有兩個人信任我們啊！」

從二〇一五年最初只有二十人的第一期課程，他們的真誠讓移工們願意與 One-Forty 建立連結，並將自己的收穫分享給更多的朋友。現在，One-Forty 建立了數萬名的移工社群，也有許多人因為 One-Forty 的啟發，回到家鄉後，實現了自己的夢想。

一位夢想開一間鳥店的移工 Mandala，讓陳凱翔印象最

創辦人陳凱翔憑著想要幫移工朋友們實現夢想的真誠與之建立連結。圖片來源｜One-Forty，FUN 大視野

28

深刻。初次見面時，Mandala抱著一把吉他坐在車站大廳裡，當時中文不太好的他，其實連溝通都不是很順利，但他正是最初願意相信One-Forty的二十人之一，對此，陳凱翔心懷感激。Mandala唱歌很好聽，在One-Forty課堂上得到相當多的鼓勵，後來他組成樂團，還受到臺灣各地的邀請，「他讓臺灣人看到移工不只是工作者、不只是勞動力，他也是一個實踐夢想的歌手。」Mandala現在已經回到家鄉印尼，如願地開了一間鳥店，他在店內的一道牆漆上了One-Forty的Logo，表達對於One-Forty賦予他啟發與勇氣的感激。

無遠弗屆的學習包促成善循環

One-Forty透過移工學校，讓移工可以完善的學習中文並同時發展其他技能，助其在返鄉後能有足夠的能力去完成自己真正的夢想。但是幾年下來發現，許多移工就算有心想要學習，但礙於時間、距離等障礙，沒有辦法到臺北上課。

因此，One-Forty在「FUN 大視野想向未來」的支持下推出了「好書伴學習包計畫」，將教材發送到全臺灣各個縣市，甚至是離島，並且搭配線上影片，讓遠距離或週末沒有休假的移工，也能夠有學習的機會。除此之外，也建立線上社團，每週會有老師以母語發布進度與作業，甚至安排直播影片跟測驗，讓移工即使無法參與實體課程，也能夠跟著進度學習，不會因為缺乏動力而中斷。而身處同一學習社團的移工們，就是彼此的同儕，共同學習成長。

右上：移工 Mandala 返回印尼後如願創業開了鳥店。右下：移工 Suma 的雇主十分支持她透過移工學校課程學習中文，圖為 Sum 與雇主藍小姐一家人。左上：移工學校的實體課程包含中文、英文、理財創業與電腦課等。左下：發送給移工的「好書伴學習包」內容包括專屬學生證、小徽章、作業本、中文課本、薑黃飯精美小卡等物件。圖片來源｜One-Forty，FUN 大視野

趨勢一：社會關懷　#弱勢關懷　#教育新創

陳凱翔認為學習包把影響力放大了。一期的實體課程畢竟空間有限，只能有數十人參與，但學習包一次會發送到一千個移工手上，而且受益的不僅僅是移工本身，當移工的中文能力增強，跟雇主間的溝通便能減少誤會與衝突，也可以更好的完成自己的工作，影響的就是一千個家庭了。而最終，當移工朋友回到自己的家鄉，他帶走的是臺灣的美好與友善，藉由他們的分享，達到另一種成功的國民外交，這些便是 One-Forty 希望促成的循環。

不過陳凱翔也提到，每年都有數萬名移工來到臺灣，學習包就像是臺灣給他們的一份見面禮，所以 One-Forty 希望這是一項長期的計畫。但是學習包的發送不單單只有教

上：「東南亞星期天」提供臺灣人與新住民、東南亞移工進行近距離文化體驗交流的機會。下：赴東南亞進行田野調查並將移工們的故事拍攝成影片，是 One-Forty 面向大眾的倡議行動之一。
圖片來源｜One-Forty，FUN 大視野

材的印製費用而已，教材的設計、課程影片的內容製作等，都需要耗費相當多的心力與資源，所以也需要更多人的支持，才能夠延續下去。

傳遞移工真實故事消弭偏見

One-Forty 另一個投入方向是移工議題的大眾倡議，希望能夠透過不同的方式消弭社會上對於移工的刻板印象或是偏見。像是透過定期舉行的交流活動「東南亞星期天」，臺灣人與新住民、東南亞移工齊聚一堂，彼此能展開真實而近距離的友善互動。雖然每次的報名名額都在很短的期間內額滿，不過活動規模較小，能夠造成的影響力有限，因此 One-Forty 認為需要有其他的方式來與大眾溝通，於是有了舉辦年度倡議活動的想法，二○一九年十月底在松菸文創園區所舉辦的「轉機：臺灣」年度攝影展正是其中的一個方式，隔年並移師高雄展出。希望能夠透過大型活動創造一個契機，讓更多的人藉此看見移工們的故事。

另外，One-Forty 每年都會拍攝十支影片，呈現移工們的故事，往往引起廣大的迴響。祕訣是什麼？陳凱翔說：「因為我們很真誠，我們是真的想要幫他們實現夢想。」唯有真誠，才能真正打動人心。希望未來能有更多人透過這些不同的倡議方式，看見移工們的真實樣態，因而願意改變自己的態度，去了解那些在我們身邊卻從未接觸過的移工朋友。

團隊小檔案：One-Forty

- 2015 年由陳凱翔創辦，為關注東南亞移工教育的非營利組織。
- 希望透過教育，讓東南亞移工們能夠更好的融入臺灣社會，並賦予他們追求夢想的能力與勇氣；同時作為移工故事發聲與交流的平臺，盼改變臺灣人對移工的普遍刻板印象，看見他們在勞動力以外更立體的樣貌。

社會影響力：
- 從成立至今，開立 200 堂實體課程，包含中文、英文、理財創業與電腦課等。
- 有 2,000 位學生每月回到 One-Forty 上一至二次的課程。
- 提供 350 支線上學習影片，無法放假的移工也可以在家學習。
- 創立擁有 73,000 人的線上學習社群，讓移工透過線上平臺學習知識技能。
- 每年寄送 1000 份「好書伴學習包」，讓剛來到臺灣的移工都能獲得免費的實體教材與線上學習資源。
- 累積影響力觸及全臺 22 個縣市。
- 累計 10 萬名臺灣民眾參與倡議活動。
- https://one-forty.org

#第三屆　#SDG4、SDG10

當一個擁抱多元的世界公民

One-Forty 目前因為組織規模不大、資源有限，主要將協助的對象專注於來自印尼、菲律賓的移工身上，但實際上臺灣仍有來自越南、泰國等不同國家的移工，所以 One-Forty 有一個相當明確的未來目標：希望能有足夠的能量，帶給所有這些為了家人、夢想而離鄉打拚的移工朋友，一份來自臺灣、來自 One-Forty 的珍貴禮物。

One-Forty 團隊從自身經驗發現，與移工成為朋友，能讓自己也成為一個充滿故事，並且真正擁抱多元的世界公民。未來 One-Forty 將持續挑戰與嘗試，實踐臺灣最美的風景：真正善待每一個來自異地的人，期許讓更多移工朋友感受到臺灣的美好，讓臺灣成為屬於他們的圓夢之地。

> 「讓每一位移工在臺灣的這趟旅程，都能充滿價值、獲得啟發。」
> ——One-Forty

黃金圈分析
WHY / HOW / WHAT

- ● 透過「教育」助東南亞移工終結貧窮的惡性循環

- ● 移工教育，設計適合移工的課程
- ● 移工議題的大眾倡議

- ● 開設「移工人生學校」實體課程
- ● 建置移工線上學習頻道
- ● 寄送「好書伴學習包」
- ● 每月文化體驗交流活動「東南亞星期天」
- ● 舉辦年度大型倡議活動
- ● 拍攝社會創新倡議影片

趨勢一：社會關懷　#弱勢關懷　#教育新創

趨勢一：社會關懷　專家點評

創造自助兼助人的正向循環

文｜李應平，台灣好基金會執行長

社會關懷的對象通常是大家認知中的弱勢者，因此，大部分對於他們的協助，都以單向的服務照顧為主。

然而，「搖滾爺奶」、「我們都有病」、「萬華大水溝二手屋」、「One-Forty」則突破傳統，著重受助者的 input 和 output 的連動，各計畫把過往認定的弱勢一方，翻轉成為社會的引擎，不僅讓受助者重新找回自己的價值，更成為自我實踐與助人為樂的社會動能。

「搖滾爺奶」針對高齡者的人生再出發，爺奶們重回學習現場將自己歸零，接受嚴格的說故事培訓後，前進幼稚園、關懷據點、長照中心、學校機構第一線陪伴，精準抓住高齡者「證明自己有用」的心情，轉化為社會動力。每一個人都會老，但是搖滾的熱情不會退去，被重新點燃的爺奶正是社服環境人力不足的最佳後援。

在人生起飛時發現生病了，是怎樣的打擊？「我們都有病」三位創辦人正是青年病友，深知病友世界的封閉與孤立，運用網路媒體讓不同疾病的病友能夠分享治療資訊、心理歷程，相互支持，透過付出，收穫力量。同時，連結病友、照顧家屬、一線醫病人員，以及重視健康議題的社會大眾，為年輕病友營造友善的生活環境。

台灣社區實踐協會與人生百味共同推動的「萬華大水溝二手屋」，選擇南萬華大水溝的貧困社區，建立一個由社工、居民與貧窮家庭組成的在地互助社群，同時引導學習受挫的青少年，一起整理外界捐輸的二手物，除了培養技能，也可以透過參與修復的成功經驗，重建信心與成就感。修復的二手物既是環保也是收入來源，二手屋讓走進來的人都成為社會的活水。

離家遠赴臺灣的移工們，也有自己的夢想。「One-Forty」把眼光放遠，關心移工的未來，人生的下一個階段。他們以「好書伴學習包計畫」將教材送到全臺灣（包括離島），考慮到每個移工面對的時間與環境不同，搭配線上影片、線上社團的共學，以及以母語發布進度與作業的老師，讓在不同時間、空間的移工們重拾學習的機會。持續學習收穫的不只是技能，更是對未來的希望。

受助者有收穫也同時付出，在自助與助人的正向循環裡獲得自信與快樂，正是這四個計畫能夠在短時間快速擴大影響力，同時可以永續發展的關鍵。

32

讓「善實力」流動

文｜顏博文，慈濟慈善事業基金會執行長

生命的價值體現在每個人都能發揮良能，慈濟從慈善與社會關懷出發，逾半世紀以來深刻體會慈善的需求未曾消減，尤其近年來的世界動盪與新冠疫情，以及臺灣超高齡化現象，首波衝擊與影響最深的正是社會上的弱勢族群；慈濟長期投入慈善服務與急難救助，持續以「善實力」盡社會公民責任，不分國家、種族、宗教與政治信仰，至今人道救援的國家地區達一百二十八國。對弱勢族群除了生活援助，更依據家庭不同的需求輔以「新芽獎助金」、「二手輔具」、無障礙「安穩家園」等等，而心靈的陪伴及支持更是慈濟的核心宗旨，我們相信每個人都有其生命價值，社會關懷的面向不只是幫助需要幫助的人，更希望能陪伴他們重新站起來，善用自身力量再次回饋社會，成為正向善循環。

青年公益團隊「搖滾爺奶」、「萬華大水溝二手屋」、「One-Forty」、「我們都有病」用心實踐社會關懷，鎖定服務對象長期陪伴。「搖滾爺奶」彰顯長者退而不休的精神，將長輩的生命經驗結合繪本傳達給各年齡層的民眾；「萬華大水溝二手屋」與「我們都有病」透過從「心」扶助，讓弱勢者與年輕病友找到自我價值，並從「手心向上轉為手心向下」幫助他人；「One-Forty」發揮多元共融的包容性，讓移工文化與臺灣文化有更多的交流互動。這些青年團隊積極的提供解方，為社會把注良善的力量。

趨勢二：人文教育　#教育新創　#走向國際

⑤ 遠山呼喚
發展跨國界教育系統，陪貧童們尋找改變之路

「我高一出梯的地方就在尼泊爾，回臺灣之後一直都有和當地人持續聯繫。發生尼泊爾大地震時，那邊算是尼泊爾的偏鄉，當地的居民不知道該向誰求助，很多人便將求救訊息轉向我們。所以一開始我們到當地的服務其實是賑災，和現在的主要服務內容不一樣。」遠山呼喚的創辦人林子鈞一開始便這樣說明成立遠山呼喚的契機。子鈞提到，他們過去到過不同地方做志工服務，看見了國內、國外不同的服務需求。他發現，只要一離開服務地區，志工所能提供給當地的援助也就此斷了連結。為了回應這些遠自異地的訊息，讓世界的角落能夠擁有相同生存條件與基本生活所需，「遠山呼喚」便誕生了。

遠山呼喚成立於二○一五年三月，最初以「省下一杯飲料的錢，來幫助尼泊爾的孩子」為口號，邀請三百五十位大學生成為共同資助人，協助當地度過震後難關。在經過為期三個月，以生理需求為主的協助後，才逐步轉型為教育資助。

在地震前，當地就有志工團隊進駐，但都是短期而且偏物質上的幫助，一旦面臨災難，居民仍然缺乏自立能力，而當國際組織於震災救助後紛紛離開，當地也出現了嚴重的輟學潮。看到這樣的現象，遠山呼喚便決定要從物資的幫助轉為教育輔導，陪孩童們找一條長遠的改變之路，協助當地擁有自我成長的能力。遠山呼喚相信，若要打斷貧窮的階級循環，長期教育計畫是很重要的途徑，這也是他們最大的使命。

改變從重新定義問題開始

遠山呼喚的志工團隊從尼泊爾回來之後，又再付出三個月的時間，把在當地看到的問題彙整，進一步發展出適合的解決方案，因此，從志工計畫的開始到結束總共歷時七個月。一開始，子鈞帶領志工團隊到當地提供服務的宗旨是要去「解決問題」，然而，透過兩屆參與志工給予的回饋，以及在當地執行服務任務時的觀察，子鈞慢慢發現，在短短幾個禮拜的志工服務期間，無法真正解決當地長期存在幾十年的問題。因此，遠山呼喚的服務宗旨也從「解決問題」，改變為帶領志工看見當地需求，同時更要「定義問題」。

透過教育的方式改變資助家庭對於生活的觀念，讓他們看見教育所能為孩子帶來的改變，而非限定於資助所能帶來金錢上的轉機。「真的有家長聽了演講之後，開始願

34

教育拓展了對生活的思考

意讓他們的孩子接受教育，孩子的未來不再只有放棄讀書馬上去工作這個途徑。」子鈞轉述遠山呼喚為當地所帶來的轉變，嘗試藉由軟性的手段讓孩子的教育資助過程更加順暢，除了提供資金外，遠山呼喚希望帶給當地人更深層的改變。

另外，值得一提的是，遠山呼喚也很重視孩子的「職涯輔導」。在教育的範疇下，如果一直從外部將資源硬塞給孩子，雖然有些人會自動成長，但是大部分的孩子需要的是一個成長的動機與思考的空間，更需要家人陪同一起成長。

遠山呼喚曾經做過一個實驗，問孩子認識的職業有哪些，很多小朋友能說出的不超過五個，例如老師、農夫、警

團隊小檔案：遠山呼喚

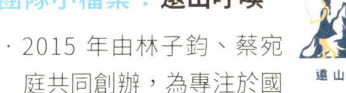

- 2015 年由林子鈞、蔡宛庭共同創辦，為專注於國際貧童教育的非營利組織。
- 服務以「離開」為目標，深入亞洲偏鄉，透過建立平等發展的組織架構，開啟跨國界的教育系統，協助在地人成立教育組織，並且投入培訓資源，讓他們獲得經營教育的能力，希望創造永續的教育。

社會影響力：

- 至今已協助 2 大地區，10 所學校，幫助 5500 位孩童獲得穩定的教育。
- 在地輟學率從 42% 下降至 2%，創造 98% 高比例的升學率。
- https://www.callsoverridges.org

#第一屆　#SDG1、SDG4

右上：遠山呼喚的共同創辦人林子鈞（左）、蔡宛庭致力於提供尼泊爾偏鄉孩童長期穩定的教育。右下：遠山呼喚相信教育是打斷貧窮之階級循環的重要途徑。左上：遠山呼喚堅持透過教育輔導陪尼泊爾偏鄉孩童找一條長遠的改變之路。左下：與尼泊爾當地團隊、學校、社區共同合作，才能讓教育種植長期扎根。圖片來源｜遠山呼喚，FUN 大視野

趨勢二：人文教育　#教育新創　#走向國際

察、司機等，基礎的勞力工作是最常見的答案，他們並不知道自己未來其實有更多選擇。這也促使遠山呼喚在課程中注入更多相關內容，讓他們了解更多元的職業類型，同時以自己的興趣多方發展，找到未來人生最大的熱情與志向所在。

把消除飢餓帶進亞洲教育場域

「遠山總有一天會離開，我們必須思考能在尼泊爾當地留下什麼。」團隊的初衷始終如一，邁向第七年的遠山呼喚，在新冠疫情的嚴峻考驗下，反而讓團隊有了重新檢核自我的空間，試圖在既有現況中找到新的應對模式，與捐款人建立深化的連結，也對尼泊爾孩童的就學狀況有更細緻的洞見。

長期扎根的努力也吸引了尼泊爾當地青年加入團隊，一同協助遠山呼喚進行「教育種植計畫」。雖然疫情阻隔臺尼兩地的實際往來，卻也像顆試金石，讓駐地團隊有機會一顯身手。面對自二〇二〇年起的疫情，共同創辦人宛庭表示：「對遠山而言，疫情來的正是時候。」有別於被動接收指令，駐地夥伴選擇主動出擊，在政府封城政策下令前，藉由深入調查、家訪，看見孩童的學習需求，並進一步與教育機構進行合作，以「廣播」遠距教學搭配實體「教學包」，讓沒有網路的偏鄉孩童在中斷就學的困頓環境中得以延續學習機會。

在看見亞洲各地的貧窮現象後，二〇二一年，遠山呼喚希望帶更多孩子扭轉人生，決定擴大服務範圍，從尼泊爾走向亞洲。因此發起「亞洲營養教育基金」，希望透過培訓機制，與在地的NGO合作，聯結學校、社區，讓上學日的營養午餐成為教育的強力後盾，幫助印尼、菲律賓、柬埔寨、越南等地區的孩子消除飢餓，獲得教育機會。

「我們相信有一天，『源自臺灣的教育』也能成為國際品牌，這個品牌代表長期、代表平等、代表專業，也代表我們充滿溫暖的家鄉。」

——遠山呼喚

黃金圈分析

WHY / HOW / WHAT

- 追求長期教育的專業度，協助國際偏鄉孩童透過教育打破貧窮循環，並帶給當地人更深層的改變

- 發展跨國界的教育系統，進行「教育種植計畫」
- 讓消除飢餓成為貧童教育的後盾，發起「亞洲營養教育基金」
- 在地人才培訓

- 提供教育資金，設計獎學金制度與營養午餐計畫
- 設計親職教育計畫，拉近家長與學校的距離
- 觸發內在動機，規劃在地職涯輔導計畫與疫情學習包計畫
- 提升在地學習資源，提供英文課輔、設立圖書館與電腦教室

趨勢二：人文教育　#教育新創　#弱勢關懷　#走向國際

⑥ Skills for U
倡議用技能與社會對話，為技職生態圈注入創新動能

Skills for U 是由媒體《技職 3.0》獨立記者黃偉翔與歷屆技職國手所組成的團隊，希望透過公益行動推廣用技能與社會溝通的理念，讓技職被看見。在二〇一八年，團隊號召各種技職國手，包含木工、花藝、油漆等等，帶著高職學生去改造偏鄉，用技能的行動讓社會看見偏鄉的處境，並透過技能來溝通社會議題。

創辦人黃偉翔分享創立的初衷，正是因為有感於過去在技職政策的溝通上雖然已孕育了相當能量，但是技職議題在與大眾溝通的這個面向，依舊是能量不足，所以想要透過「用技能與社會對話」方式，翻轉大家對於技能就是用來賺錢的刻板印象，看見「技能」並不單純只是經濟價值的附庸或是解決日常生活的工具，而是可以成為解決社會問題、實踐社會永續的重要媒介。

經營技職生態圈也是團隊發展的目標。引導技職人士透過各種技能與資源回饋社會，以達到社會創新能量永續循環和擴散，同時促使各地區的民眾能夠透過技能行動，意識到平時就存在於周遭的技能社群，正在用所學構築一個更永續、平等和多元的社會。這樣的社會實踐能激發技能與民眾的實質連結，其所具備的能動性，將進而改變

Skills for U 是由《技職 3.0》獨立記者黃偉翔與歷屆技職國手所組成的團隊。圖片來源｜Skills for U，FUN 大視野

37　　趨勢二：人文教育　#教育新創　#弱勢關懷　#走向國際

趨勢二：人文教育　#教育新創　#弱勢關懷　#走向國際

民眾對技能價值的理解，以突破臺灣在推動技職上「社會價值觀溝通面的不足」的困境。

技能公益行動拉近跟大眾的互動

黃偉翔認為臺灣的技職體系發展，遇到升學主義的社會價值觀與學用落差的技職教育兩大阻力。深陷升學主義、學歷至上的臺灣社會，在「唯有讀書高」的觀念下，技職經常淪為次等選擇。然而，即便技職群體是臺灣社會的多數人，當社會對技職存有刻板看法時，技能價值更難以突破「賺錢」以外的印象。而在學用落差上，勞動部研究指出，臺灣十五至二十九歲青年尋職困難，主因為「技能落差、經歷不足」，技專學校所學不符合職場所需，難以因應多元、快速變動的社會。教育部也針對技職校院畢業生做調查，只有十六％投入職場的畢業生，認為在校所學的技能與職場符合。

為了破除這些阻力，Skills for U 成立初期採取的方式，是透過技能公益行動與《技職3.0》媒體平臺回應社會問題。技能公益行動是結合社區、合作單位與技能好手一起應用所學做公益，透過實際行動與互動的過程，讓大眾對技職圈少一點陌生，多一點親切與認識；也透過《技職3.0》產製技職相關新聞、報導國際技能競賽，增進大眾對技職議題的關注，促進多方面向的交流討論。

右：帶領學生團隊進行淨灘實踐環境永續。左：提高技職議題曝光度是工作重點之一，圖為 2019 年於「雜學校」教育創新博覽會上，展出同年技職奧運──俄羅斯喀山國際技能競賽，臺灣獲獎國手的作品和工具。圖片來源｜Skills for U，FUN 大視野

38

導入符合社會需求的課程資源

二〇二〇年起，Skills for U 則更加強著眼於課程發展的服務方案，期待能透過經營教師社群、提供教師交流對話平臺、規劃課程工作坊、導入不同領域資源等，陪伴教師克服教學現場的挑戰，發展新型態的跨領域課程。

黃偉翔也透過政策參與，放大技職議題社會影響力，像是擔任行政院青年諮詢委員、技專考招多元入學研議小組等，希望藉此催生更多資源，為學生營造符合未來社會需求的學習環境，讓技職人未來有更多與社會對話的機會，進而更有效扭轉社會大眾對技能的刻板印象。

持續推進跨科跨校技職人才合作

Skills for U 以作為技職教育界的橋梁自期，串聯不同的資源，希望能實踐技職人「用技能與社會對話，用技能改變世界」的願景，讓技職人為自己的專業感到驕傲，並獲得社會的認同與尊重。創辦人黃偉翔為技職體系出身，從建立《技職3.0》媒體平臺，到 Skills for U 的成立，一路上完成了許多技能行動、議題推動，也投入了高職課程發展。

在這條開疆闢土的路上充滿著未知，沒有太多前人經驗可以直接參考，因此遇到難題沒有正確解法，只能邊嘗試邊調整，找到適合可行的方式，但也多虧了團隊長年在技職圈的耕耘，累積的經驗與觀察讓服務方案能持續不斷優化。

未來，Skills for U 將朝著永續技職人才體系模組化的目標努力，希望可以更廣泛運用在不同學校，以協助師生探索當今社會議題、學校周遭在地議題，讓跨科、跨校的合作越來越普遍，展開更多嘗試回應社會問題的技能行動，展現技能在社會上不可或缺的價值。

「不要小看自己，我們手上握有的技能都是富有價值的，重點是勇敢去成為自己想要的成為。」

——Skills for U

黃金圈分析
WHY / HOW / WHAT

- 提升技職教育品質，讓技職人才成為社會創新的重要力量

- 技能行動，展現技能在社會上不可或缺的價值
- 社群媒體，創造更大量的技職曝光及社會對話
- 課程發展，開發培養技職人才課程的支持系統
- 政策參與，營造符合社會需求的技職學習環境

- 技能行動：技能公益行動、技職國手互動講座、技能體驗工作坊、技能展演
- 社群媒體：《技職3.0》產製技職報導與影像內容、與不同領域之KOL及媒體互動
- 課程發展：教師培訓活動、教師社群經營、與高職老師共同建構跨領域課程
- 政策參與：議題推動及代言、參與政策制定

團隊小檔案：Skills for U（社團法人國際技能發展協會）

- 2018 年創辦的非營利組織，由獨立媒體平臺《技職 3.0》創辦人黃偉翔攜手不同領域技能好手成立，將技職教育的推廣與倡議行動組織化。
- 期許作為技職教育界的橋梁，串聯不同的資源，攜手技職人用技能回饋社會、創造社會共好，讓技職人為自己的專業感到驕傲，並獲得社會的認同與尊重。
- 成立當年，號召各職類技職國手一起改造校園的公益行動方案便受到肯定，獲得國際最大技能發展組織 WorldSkills International 將其選為世界十二大技能新創組織。

社會影響力：

- 技能行動：與高職老師們一起帶著學生展開具有社會意涵的技能公益行動，舉辦至少 120 場技職國手互動講座、18 場技能體驗工作坊、8 場展覽與技能展演，受益人次超過 5000人。
- 社群媒體：《技職 3.0》網站總流量達 100 萬以上，2019 年「臺灣之光・帥翻全世界｜技能奧運採訪」創造 2000 萬聲量，技能臺灣之光紀錄片亦全面開放給非營利目的之放映，可作為教學與技職議題分享之素材。
- 課程發展：將資源投入支持高職教師發展新型態的跨領域課程，舉辦教師培訓活動累計觸及 108 間高職學校，佔全臺灣總高職數 42%，服務教師人數 250人，影響至少 8760 位高職生。
- 政策參與：參與政策制定與討論，影響全臺至少30萬名高職學生的教育品質。
- https://zh-tw.facebook.com/skillsforu2018/

＃第一屆　＃SDG4、SDG8、SDG10

趨勢二：人文教育　＃教育新創　＃弱勢關懷　＃走向國際

Skills for U 行動四面向

1. 技能行動　倡議力
2. 社群媒體　群眾力
3. 課程發展　實踐力
4. 政策參與　影響力

左：Skills for U 規劃課程工作坊，陪伴高職教師克服教學現場的挑戰。右：Skills for U 與新北市政府合辦新北技職年會，秉持跨域交流精神，激發教師在課程設計的靈感。圖片來源｜Skills for U，FUN大視野

⑦ 玩轉學校
議題式遊戲教學，陪孩子玩出核心素養

玩轉學校致力於透過遊戲教育，點燃孩子學習的熱情，並引導反思，啟發面對生活的各種關鍵能力。共同創辦人黎孔平說，玩轉學校最初的理念，其實是源自於一場由美國教育家杭特（John Hunter）所發表的演說，雖然他當時被這種創新教學的方式深深打動，不過，周遭環境給他的壓力，不斷被灌輸「做教育賺不了多少錢」的觀念，都讓他卻步，不敢投身其中。

直到發生了一場生死交關的車禍，當時的他反問自己：「如果我真的就這麼走了，我能給我兒子留下什麼？錢嗎？」收入不錯的他，此時意識到金錢終究只能為孩子帶來一時的安逸，最重要的是學習面對各種挑戰，自主解決問題，才是真正能留在孩子身上的資產。因此他辭退工作，重新思考教育本質，毅然決然地與夥伴一同赴美學習新興的「議題式遊戲教學」，再加上自身經歷的催化，創立了社會企業「玩轉學校」，希望能透過「模擬領袖」等參與遊戲的形式，帶領孩子們面對當今的社會議題，培養解決問題的能力。

在玩轉學校創立的初期，也曾猶豫是否要以實驗教育機構的形式存在，但黎孔平認為那最終會變成讓家長選邊站，

黎孔平共同創辦的玩轉學校，在傳統教育框架下拓展創新教學的空間。圖片來源｜玩轉學校，FUN 大視野

趨勢二：人文教育 #教育新創

而且絕大部分的孩子終究還是在傳統教育底下。因此他決定不是要去創立一個新的體制，而是試著在傳統教育的框架下能夠有一些教學活化，或是創新教學的空間。

培養孩子勇於溝通的能力

培養與人溝通的能力，一直是玩轉學校希望能交給孩子的重要工具，同時也是他們期許能為這個社會帶來的改變。「在這個對立的社會中，大家都一定要爭個你輸我贏，但事實是從來沒有人能真正改變對方，最後反倒成了一種集體式的焦慮。」黎孔平說。

在傳統教育的壓迫下，「聽話」成了每位孩子都必須遵守的規範，但學校卻從來沒有教過學生如何與人「對話」。在沒有溝通習慣的社會下，孩子只會變得不敢犯錯，但在不敢犯錯的前提下，又何來創新可言？因此，除了培養孩子溝通的能力之外，玩轉學校同時也鼓勵學員們勇敢犯錯，多去試著了解他人，希望能給學員跟傳統學校不一樣的體驗。

藉議題式遊戲淬鍊軟實力

玩轉學校舉辦營隊活動，利用遊戲創造生活情境，藉此打造孩子於真實情境的體驗，結合社會議題，讓孩子學習到能帶回生活中的軟實力。團隊也走入學校授課或開辦教師研習，希望能逐步地將議題式遊戲教學帶入學校，讓師生在傳統的學科互動之餘，能多一些時間來思考、體驗這種創新教學的方式。而除了學校與自辦營隊外，更與企

玩轉學校開辦教師研習工作坊，協助教師將議題式遊戲教學帶入學校。圖片來源｜玩轉學校，FUN 大視野

42

從遊戲情境引導反思

在「FUN大視野想向未來」青年公益實踐計畫的支持下，玩轉學校於二○一九年將「校園霸凌」融入議題式遊戲分享一○八課綱上路這些年，學習型態急速改變，老師的角色被賦予更多期待，包含引發自主動機、認識社會議題、學習溝通合作等，這些難以用傳統講述式教導，需要引入創新教學模式，因此玩轉學校推出教材書，希望提供新的教學選擇。

業合作永續創新教育，以專屬的CSR議題為主體，客製化設計遊戲教案，讓企業CSR深度連結議題。

上：玩轉學校團隊的每個夥伴都充滿對教育、對社會的熱情與關懷。下：2019年推出預防霸凌的議題式遊戲教案，讓孩子的學習經驗連結現實生活。圖片來源｜玩轉學校，FUN大視野

團隊小檔案：玩轉學校

玩轉學校 Play School

- 2016年由黎孔平與林哲宇共同創辦的教育新創社會企業。
- 藉由遊戲教育，將學習主導權還給孩子，並透過引導方式，陪孩子面對問題，學習怎麼解決，以培養六大關鍵能力：思辨、創意、卓越、良善、團隊、自主。
- 2019年榮獲B型企業最高榮譽「對世界最好」國際大獎，為臺灣教育領域中唯一獲獎者。

社會影響力：

- 在全臺舉辦了百場以上的自辦營隊、逾百場以上的學生課程、教師研習。
- 陪伴近萬名孩子在遊戲安全環境下培養關鍵能力。
- 提供逾萬位教師支持系統，一起投入創新教育。
- 攜手24間企業以創新教育遊戲，落實社會責任發揮影響力。
- 與近3000位家長深度交流，陪伴父母看見孩子。
- 深化大眾對創新教育及SDGs的關注。
- https://pleyschool.org

#第二屆 #SDG4

趨勢二：人文教育 ｜ #教育新創

趨勢二：人文教育 #教育新創

戲中，希望更貼近孩子的生活。團隊訪談了三十幾位老師，大家共同提到人際關係是孩子的重要議題，而霸凌是其中最令人困擾的。團隊也呼應一〇八新課綱連結真實的生活情境，推出預防霸凌的遊戲教案。

在議題式遊戲中，以沒有標準答案的社會議題作為模板，用情境遊戲的方式讓玩家扮演角色，體會議題當中立場的矛盾與糾結，在過程中培養解決問題、系統性思考、人際合作等核心素養能力。且透過引導反思，將學習經驗連結現實生活，期待青少年實際關注現實社會議題，並作出行動。

平常不敢談、不好談的議題，用遊戲式情境和學生談，在遊戲的安全環境下，讓青少年實際體驗，看見自己行為對別人的影響，尋找與他人互動更好的選擇，進而預防霸凌的發生。

陪伴孩子成為良善的人

在臺灣，學科考試至今仍是衡量孩子成功與否的重要標準，注重的是個別能力、標準答案，缺少團隊合作能力的磨練，但高壓、成效導向的環境容易使孩子對學習喪失熱忱，對自我失去信心，且不再關心生活周遭與社會。

與傳統考試教育相反，玩轉學校相信愛玩是人類的天性，所有的活動都會包含遊戲情境、團隊討論、尊重自主，以學習者為中心來設計、引導，將思辨、創意、卓越、良善、

團隊、自主六大關鍵素養，結合獨創的議題式遊戲，推廣至青少年營隊課程、常態課程、企業合作與教師研習中。

成立以來，玩轉學校一直將願景放在心中：以遊戲和陪伴，培育孩子成為良善、有力量的新世代。期許透過核心素養的培養，陪伴孩子認識、照顧自己，也邀請孩子們一起相信「良善」的力量，有能力之餘也願意為生活周遭、社會世界盡一份心力，成為讓世界更好的一分子。

> 「以遊戲和陪伴，培養下一個良善世代！」
> ——玩轉學校

黃金圈分析
WHY / HOW / WHAT

- 將學習主導權還給孩子，透過好玩的遊戲與引導方式，陪伴孩子認識自己、關心周遭，培養人生重要關鍵能力，一起打造良善世代

- 以教學系統為支持，深入全臺教育現場
- 透過教材研發、各項青少年營隊活動、教師增能研習、企業合作等方式，擴展教育正面影響力

- 以獨創的議題式遊戲提供安全環境，培養孩子的關鍵能力
- 自辦寒暑假營隊，創造深刻的學習體驗
- 入校學生課程結合SDGs，陪伴孩子找到良善的理由
- 辦理議題式遊戲教學工作坊，點燃教師教學熱忱
- 提供免費課程執行教材套，豐富臺灣教育的可能性
- 創新教育遊戲合作企業，發揮CSR影響力
- 與家長深度交流，陪伴父母看見孩子

44

趨勢二：人文教育　#流浪挑戰賽　#教育創新

⑧ 城市浪人
透過體驗教育模式，激勵年輕人跨出舒適圈

城市浪人，City Wanderer，在城市中流浪，把城市當教室。流浪挑戰賽是城市浪人的代表作，透過精心設計的遊戲任務，帶領青年跳脫舒適圈，探索自我、與社會連結，從中找到自己的熱情與使命。這樣創新的體驗式教育起源於二〇一三年的一份課堂作業，當課程結束後，因為看到了挑戰賽背後為社會帶來的意義，一群學生決定延續這項課堂作業，因而成就了今天意想不到的城市浪人。

從二〇一四年開始，城市浪人陸續在臺灣不同城市的校園中舉辦流浪挑戰賽，至今已陪伴過近萬位青年學子的青春歲月。創辦的初衷是希望藉由遊戲的方式，讓青年突破舒適圈，看見生命更多可能性並發掘潛藏內心的勇氣。

在近幾年的挑戰賽中，城市浪人發現，現在的青年似乎更需要「恆毅力」（Grit）──將熱情維持下去的毅力。在培養恆毅力的過程中，內在動機顯得更加重要，除了對事情本身有熱忱之外，同時要看到行動背後為社會帶來的意義與價值，知道自己為什麼要做這件事，因此對這件事產生「使命感」。像是廚師除了料理外，更重要的是體認到可以帶給他人幸福的感覺，而當他對煮出能帶來幸福的料理有使命感的時候，就不會輕易在困境和阻礙面前選擇放棄。

流浪挑戰賽設計各式遊戲化的體驗任務，例如零元旅行、盲人與啞巴、與外國人交流等，訓練參與者自我突破的勇氣，接觸多元社會階層。圖片來源｜城市浪人，FUN大視野

趨勢二：人文教育 #流浪挑戰賽 #教育創新

流浪挑戰賽把城市當教室

流浪挑戰賽是全球唯一的體驗教育模式，其設計是讓三個學生組成一隊，把城市當教室，在三週的過程當中，到各個角落去挑戰完成三十項任務。這些任務鼓勵學生到城市去流浪、與陌生人接觸、與世界對話，藉此促使學生們訓練自我突破的勇氣，接觸多元的社會階層與弱勢群體，並思考以創新的方式嘗試改變。

透過流浪挑戰賽遊戲化的教育體驗，青年可望培養出對世界的使命感，在勇敢追尋自己熱情的同時讓世界更好。挑戰賽的任務能培養參與者自我覺察與發展，同時訓練參與者的自我突破與挫折忍受力；多元的任務設計更讓他有機會訓練溝通表達與人際連結，並藉由了解不同社會議題，提升同理關懷與公民責任感。

跨品牌合作青年創新行動

城市浪人自二〇一六年開始，與多方機構合作，導入城市浪人遊戲化、突破性、多元體驗的元素，將不同機構的特色融入行動方案之中，用創新的方式讓青年更深度、更跨域地認識自己，投入好事。城市浪人提供「多元青年培育挑戰方案」，與企業、學校、基金會等跨領域單位攜手合作，提供不同主題與面向的體驗計畫以及演講、工作坊等課程，帶領年輕人了解自己、思索生涯方向，展開社會創新行動，尋找他能為世界帶來的價值。

城市浪人是個勇於挑戰的創新教育團隊。圖片來源｜城市浪人，FUN 大視野

創造綜效的多元行動方案

串連青年與品牌的正向價值創造

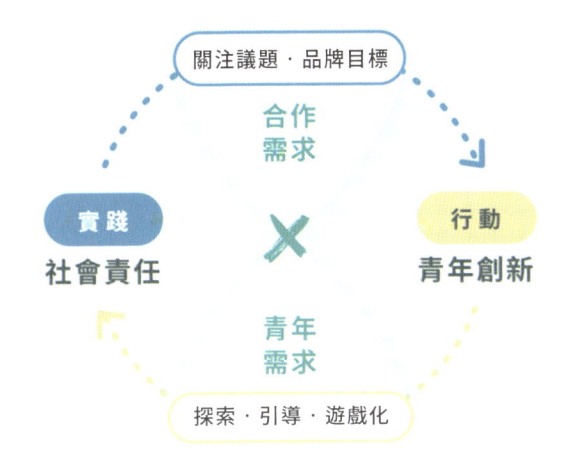

關注議題・品牌目標

合作需求

實踐 社會責任

×

行動 青年創新

青年需求

探索・引導・遊戲化

以職涯探索為核心的「百工日記」，是二〇一七年開始與保險業國泰人壽合作的行動方案，鼓勵青年看見多元的職場樣貌。每年與六十至一百個共同響應的職人單位協作，透過職人訪談、半日體驗等職涯探索任務，讓大專院校學生能夠跨城市、跨領域地來到產業現場親身體驗，聆聽職場前輩真心話，看見不同產業與角色的熱忱與價值。活動中同時搭配自我探索任務，讓參與者在體驗期間釐清自己的興趣、特質能力、價值觀等面向，以利尋找屬於自己的職涯選項。

上：「和泰公益夢想家」的參與隊伍必須以具體行動落實提案，並在成果展覽時進行解說。下：辦理演講、工作坊、課程也是城市浪人開啟年輕人未來行動的途徑。圖片來源｜城市浪人，FUN 大視野

47 ──── 趨勢二：人文教育 ｜ #流浪挑戰賽　#教育創新

趨勢二：人文教育　#流浪挑戰賽　#教育創新

二○二○年啟動與汽車業和泰集團合作的「和泰公益夢想家」挑戰方案，鼓勵青年對自己在乎的社會議題採取行動，透過議題任務促進理解與關心議題的熱忱，並能運用設計思考概念產出行動方案企畫，進而提供實踐夢想的場域，讓參與的隊伍將提案解方實際執行出來。過程中搭配NGO與社會企業業師輔導、社會創新組織探訪體驗、交流社群，讓參與青年們獲得豐富人脈資源支持他們解決問題，在過程中成長茁壯，同時強化自身使命感。

啟發年輕人的追尋與實踐

城市浪人的終極目標，是創造具支持性的教育和社會環境，啟發每位青年找到值得追尋一輩子的熱情，在實踐自我價值的行動中，讓世界變得更好。

城市浪人認為，每個十八到二十五歲的年輕人，都應該有機會去追尋他想成為的樣貌，帶著對世界的關懷，做他所相信有意義與價值的事，在堅持實踐的過程中發光。當有越來越多年輕人都能因這樣的追尋而發光，這個世界將會因為他們的行動而越來越好，他們也將影響更多人加入追尋與實踐的行列，帶給世界更多希望。

> 「改變世界不是一個人做很多，而是很多人都做一點點。」
> ——城市浪人

團隊小檔案：城市浪人（社團法人國際城市浪人育成協會）

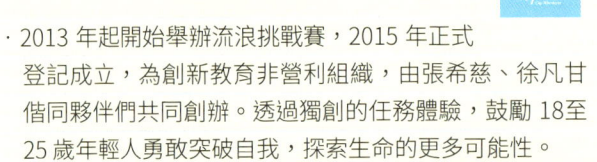

- 2013 年起開始舉辦流浪挑戰賽，2015 年正式登記成立，為創新教育非營利組織，由張希慈、徐凡甘偕同夥伴們共同創辦。透過獨創的任務體驗，鼓勵 18 至 25 歲年輕人勇敢突破自我，探索生命的更多可能性。
- 希望藉由有意義的體驗，讓年輕人接觸真實世界，挖掘自身的熱忱與使命感，並培育追尋信念的勇氣與行動力，踏上實踐自我價值的旅程。

社會影響力：
- 至今累計超過 160 場的專案合作，已服務 100 萬人次。
- 獲得海內外逾 200 篇媒體報導。
- 在超過 23 個國際城市辦理 88 場流浪挑戰賽，擁有逾 12,000 名挑戰者參加。
- https://www.citywanderer.org

#第二屆　#SDG4、SDG8、SDG17

黃金圈分析　WHY / HOW / WHAT

- 創造有趣的冒險體驗，讓年輕人藉由「流浪」找到自己的方向、追尋熱忱與使命感

- 遊戲化

- 流浪挑戰賽
- 多元體驗行動方案（例：百工日記、和泰公益夢想家）
- 教育種籽計畫
- 演講、工作坊、課程

趨勢二：人文教育 #地方創生

⑨ Ibu部落共學團隊
結合教育、文化與地方創生，陪伴原鄉青少年探索生涯藍圖

「Ibu」是部落的孩子們為郭孔寧取的布農族語名字。

高中畢業的暑假，郭孔寧抱著體驗不同生活的心情，決定到臺東的武陵部落打工換宿，而在與當地的課輔老師及孩子們交流認識後，她開始認識到部落的孩子常因為經濟壓力、社會刻板印象的影響，而在本應對未來擁有無限想像、正準備探索自己的青少年時期，就失去做夢的可能。

短短兩個月的暑假結束後，她起先只是與夥伴們抱持著嘗試的態度，想要了解當地的文化而進到部落，他們不以「服務」做為核心理念，而是始終站在「平等」的位置，以孩子們的角度為出發點為夥伴們相處合作。為融入當地生活，與孩子建立長期的互動，郭孔寧幾乎每週都從臺北搭車至臺東，在大學課業與部落孩子間來回忙碌著。她與夥伴們用各自的專長，設計各式各樣的活動讓孩子們參與，進行文化的交流與分享。

「我們一直都記得一件事，就是我們不應該帶有太多主觀想法，覺得他們需要什麼東西就去做，而是貼近在地的視角，看見他們真實的需求。」在部落待了一年的時間後，當地課輔班主動向他們詢問是否能協助孩童的學科輔導，郭孔寧與夥伴們思考如何回應部落的需求，開始將活動重心逐漸轉向更多的知識學習，思考如何引起孩子的學習動機，在團隊能力所及的範圍內，幫助彼此有更深的成長。

從生活文化中引導學習

帶著新的想法，郭孔寧與團隊夥伴們開始研發一套「文化回應性課程」，將學習的場域從教室內走到生活中，例如數學要學估算距離，便帶孩子去走吊橋計算。此外，就

Ibu 團隊創辦人郭孔寧始終站在與孩子們「平等」的位置相處合作。圖片來源｜Ibu 部落共學團隊，FUN 大視野

趨勢二：人文教育 #地方創生

讀特教系的郭孔寧也細膩地重視孩子們的個別化教育，同樣的內容，對每個孩子所設定的目標與教法都會有所差異，為的就是讓孩子能有動機與信心學習。

郭孔寧分享，陪伴青少年首要重視他們的需求，根據身心狀況、學習能力做評估，設計個別化教育及輔導計畫，也就是從他個人的「自我覺察、個人價值、能力提升、群體角色」著手，再由家庭的「心理陪伴、成長觀念、發展支持、環境介入」延伸到社區的文化觀念、系統改善、社會互動等來影響或引導他們。

透過各式專業人員及深度的輔導陪伴，Ibu 團隊在孩子們的團體中營造正向氛圍，且確實照顧到每一個青少年所缺失的支持養分，進而帶動這群孩子發展出同儕互助、自主共學的效應。

此外，Ibu 團隊也做在地化生涯教育模組開發，整合在地的資源轉化為孩子的學習素材，並且在其所屬之文化環境下展開生涯探索的方案，希望能刺激原鄉青少年發展未來藍圖。

聯合在地跨齡跨域力量

郭孔寧希望能穩定在地陪伴力量，提升部落青少年凝聚力。她認為在地價值觀的傳達及社群支持的程度，對於青少年的各式發展都有極大影響力，因此，孩子們如何定位自己在這個群體中的角色，以及如何將他人的看法及自己的目標取得平衡，都成為重要議題。

Ibu 團隊夥伴們善於在原鄉青少年團體中營造正向氛圍。圖片來源｜Ibu 部落共學團隊，FUN 大視野

50

「拉拔一個孩子長大，需要整個村落的力量。」Ibu團隊會與在地單位合作，並嘗試將其資源串聯應用，且藉由社區活動的力量牽起村內的傳承鏈，讓老中青少都可以彼此協助互動與交流經驗，從而逐漸建構出模組的永續系統，藉以整合在地單位資源，促進地方跨齡跨域共學。

團隊更期待跨越部落觀光框架，看見文化的創新結合。用孩子獨特的眼光看見最真實的部落樣貌，透過創意點子的匯集，將想法具體化實現，打造出溪邊迎賓、音樂市集及文化定向探訪等全新型態的部落觀光活動。不僅將學習融入地方創生，更刺激在地社區營造工作者產生不一樣的觀點，讓所有人都可以有詮釋文化意識的機會，進而帶動部落特色的發展。

個人培力銜接社區實作

Ibu團隊嘗試建構的，是一個結合教育、文化與地方創生觀點的共榮系統，陪伴青少自覺、培力青年實踐、陪同在地啟動，攜手部落支持孩子長出夢想與實踐的能力、闖出想要的未來。

對此，在個人層面，郭孔寧希望能讓孩子擁有良好的生活常規，培養自律毅力，並且提升情緒管理能力，讓他們可以在這個不斷變動的社會中站穩腳步，知道在什麼時刻自己該做什麼。而當孩子們進到群體，則希望訓練他們學會合作信任，肯定自我價值，有能力適應團體並找到個人定位，理解自己的文化特質，也懂得如何與他人交流，

右上、右下：孩子們藉由參與社區活動進行生涯試探，也牽起村內老中青少的交流傳承。左上：Ibu團隊希望培育孩子們在群體中懂得合作信任且能找到個人定位。左下：技能學習也規劃料理實作課程。圖片來源│Ibu部落共學團隊，FUN大視野

原鄉青少年在地化生涯教育

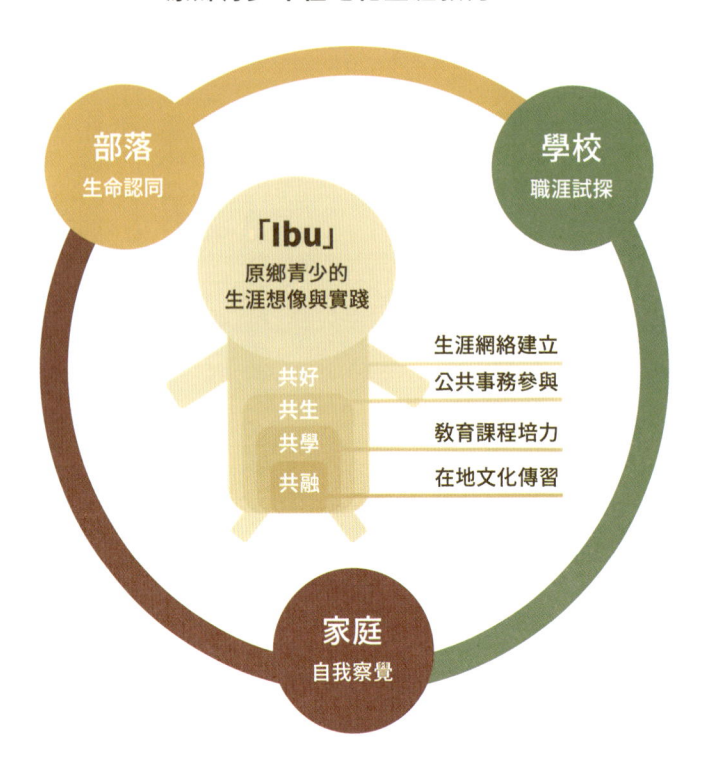

部落 生命認同

學校 職涯試探

家庭 自我察覺

「Ibu」原鄉青少的生涯想像與實踐

共好 共生 共學 共融

- 生涯網絡建立
- 公共事務參與
- 教育課程培力
- 在地文化傳習

趨勢二：人文教育 #地方創生

團隊小檔案：Ibu部落共學團隊

- 2016 年由郭孔寧成立，開始陪伴武陵部落青少年的知識學習與生涯探索，2020 年正式登記成立「Ibu 原鄉兒少生涯教育協會」，致力解決原鄉青少年生涯發展困境。
- 希望建構結合教育、文化與地方創生觀點的共榮系統，攜手部落推動在地生涯試探，讓原鄉青少年在生長的土地上學習跨領域技能，畫出自己的未來藍圖。

社會影響力：
- 成立至今，陪伴 50 位以上部落青少和青年進行在地化生涯教育。
- 舉辦3屆部落巡禮，穩定在地陪伴力量，提升部落青少凝聚力。
- 打造1個課輔基地，促進地方跨齡跨域共學，與孩子 365 天相處不間斷。
- 服務獲得親子天下教育創新 100、遠見天下未來教育 100 等外部獎項肯定。
- 廣受邀請至全臺各地演講分享，提升原鄉青少議題能見度，創造多元合作改變可能性。
- https://zh-tw.facebook.com/Ibuorganization/

#第二屆　#SDG4、SDG10

52

才可以與多元文化的社會環境產生正向互動。

學習技能是教育成長培力的一環，不僅要累積基礎自學力，還透過熟悉科技文書的操作、思考在地的發展以及資源統整等能力，擴充個人的多元學習管道，以提升原鄉青少年生涯規劃，面對未來社會的敏銳度及問題解決能力。

而且也會依據孩子的興趣進行分組，給予相對的專業知能課程，透過實務導向的技能學習深度認識各行各業，同時銜接社區實作以訓練職場上的通才能力，如企劃、行銷等，提升職場技能。

社區實作是進行生涯試探的重要歷練，讓孩子可在與自身文化背景相符的環境下應用所學，理解自身興趣與未來職業選擇的適配性，增加孩子的成功經驗，社區家長及其他相關人士也可以共同參與此教育設計。

期透過教學模組擴散影響

透過能量累積、種子深根、永續傳承，郭孔寧認為這樣正向的循環才能被看見，價值觀也才會跟著改變。她希望能將觀察整理出的教學模組對外授權，讓模組運用到各個有需要的地區，影響力得以擴散。她也期盼當團隊必須離開武陵部落的那天，那些被 Ibu 帶大的孩子們，有能力藉著這套模式，繼續教導部落其他小孩，讓那些已被種下希望的種子長出力量，接著自行成長、茁壯。

未來，Ibu 團隊將持續朝三個面向努力：生涯試探模組開發、在地專業人員培訓、洄游青年產學合作，努力織起每個部落的捕夢網。期盼在所有臺灣原鄉，都有一群人牽起迷惘青少年的手，一起拾回選擇未來的勇氣。

「只要還有人想知道我們的故事，Ibu 就有繼續走下去的理由。」

——Ibu 部落共學團隊

黃金圈分析
WHY / HOW / WHAT

- 陪伴原鄉青少年走過生涯發展困境，尋找選擇未來的能力與勇氣

- 讓原鄉青少年在生長的土地上學習跨領域技能
- 攜手部落推動在地生涯試探

- 教育成長培力：營運部落青少基地，規劃多元課程
- 社區營造參與：在地創生策略出發，技能實際運用
- 在地文化傳習：傳承在地知識技藝，實踐文化行動
- 建立生涯網絡：建構跨域分享社群，支持孩子成長

趨勢二：人文教育　#教育新創　#科技應用

⑩ 讓狂人飛
整合知識轉譯與 AI 技術，為偏鄉與弱勢提供高效線上學習

起源於二〇一六年的讓狂人飛，從知識性社群出發，透過圖像與演算法將知識拆解、重組與傳遞，激發人們學習的原動力，過去七年來持續發布許多教學圖解懶人包，已經讓超過六百萬人在讓狂人飛的平臺上找到自己要的知識。團隊更進一步打造獨創的新型態線上學習服務「Lore 讓知識飛」平臺，透過資訊圖表、精煉文字、深度配音，創造高記憶成效的互動學習體驗。希望能打破「線上成效肯定不如線下」的偏見，將更充沛的學習資源帶往偏鄉，弭平差距。

二〇二〇年，讓狂人飛團隊參加青年公益實踐計畫，欲從弱勢與偏鄉的學習體驗著手，深入支持第一線組織，打造教育平權的基礎。他們與推動身心障礙者從事電商工作的社企「無礙玩家」合作，提供電商與行銷教學的線上課程，以支持在家工作的身心障礙者可以有更好的知識資源。在偏鄉教育方面，則與「為臺灣而教」（TFT）合作，

1．透過募資計畫於二〇二〇年七月發布的「Lore 讓知識飛」課程平臺，已於二〇二二年六月十日關閉。兩年間累計擷取了二十堂課的懶人包，支持約五百份線上課程給予偏鄉與 NGO 教學使用，創造了一千小時學習。

讓狂人飛不僅提供充沛的學習資源，更致力於提升線上教育學習成效。圖片來源｜讓狂人飛，FUN 大視野

54

讓狂人飛也會透過行銷與宣傳、懶人包設計等實體工作坊，分享如何達成線上高效溝通。圖片來源｜讓狂人飛，FUN大視野

開發即時知識回饋系統

讓狂人飛目前的服務之一，是提供線上學習的及時回饋系統給予教育工作者，希望能夠藉助系統，讓開放式知識的問答能在數秒內達成，把握所有人求知與學習動機最強烈的當下。而且這套系統也能整合到多半的聊天機器人、線上課程平臺中。

這樣的服務最初並不在團隊的發展藍圖內。原本是在做知識轉譯，整個編制和商業模式都類似於接案公司，所以當企業主動找上門，希望讓狂人飛可以協助即時知識回饋系統開發時，團隊受到了不小的驚嚇：「你不說我也不知道我們還可以做這個！」

不過，團隊後來經過諮詢，逐漸發現不只是企業界，許多成熟的線上課程平臺、聊天機器人廠商都有同樣的需求，才著手進行這項技術的研發。透過讓狂人飛原有的教學經驗與AI技術的結合，誕生了世界上第一個AI助教系統，能針對各種知識內容在幾秒內馬上回饋，讓學習者知道自己的作業哪裡好、哪裡要加強，而這也是讓狂人飛轉型後長期投入發展的目標。

在AI系統研發的過程中，讓狂人飛發現，過往的線上課程，人們學習的節奏往往相當被動，除了原本的回饋不

55 ──── 趨勢二：人文教育 | #教育新創 #科技應用

趨勢二：人文教育 ＃教育新創 ＃科技應用

「Lore 讓知識飛」平臺是企圖打破當前線上教育限制的全新實驗。圖片來源｜讓狂人飛，FUN 大視野

團隊小檔案：讓狂人飛

- 為致力於提升線上教育學習成效的教育科技新創公司。起源於 2016 年的讓狂人飛，由洪璿岳創辦，原本只是一個青年實用技能分享社群，希望透過易於理解的教學圖解懶人包，將知識與技能帶入校園，讓學生有機會探索職涯，現已成為在社群平臺上擁有超過 10 萬粉絲的品牌。
- 提供多種企業服務，包括協助將資訊圖像化、懶人包製作、線上課程影片企劃與製作、講師顧問群等多元服務，支援知識傳播者能更有效率的打造知識內容以及學習互動。

社會影響力：

- 從成立社群至今，公開知識教材累積觸及影響 600 萬人。
- 實體授課學生累積超過 10,000 名。
- 技術與理念受國內人才平臺大廠採用，並以此服務超過 50 萬臺灣求職青年。
- 網址 https://www.flyingcrazyer.com

＃第三屆 ＃SDG4、SDG8

56

即時外，當有不清楚之處想要重新回看時，無法確定該將影片拉到什麼時間點，加上圖表設計不夠完整等等因素，都會成為人們進行線上學習時的障礙。另外，研究也顯示，大多數人閱讀的速度比聽取內容還要快。結合上述兩點，團隊開發了一套新型態的閱讀器——「Lore 讓知識飛」，結合動態懶人包，點選文字後會呈現相應的畫面。這是讓狂人飛所展開的全新實驗，希望找出比影片更完善的線上教育型態，搭配既有的 AI 技術，來突破目前線上教育的限制，促成更好的全線上學習成效。

為偏鄉量身打造適宜課程

同時，團隊也注意到，教育部一○八課綱所提倡的素養教育，學校不一定有能力、有資源教，但在升學審查中卻是被放大檢視的項目之一，為偏鄉孩子的升學之路又增加了障礙。這些條件對都市孩子而言，或許參加幾堂講座、修習跨校選修課程就足以滿足，卻讓資源本就不充沛的偏鄉孩子不知何去何從。因此，讓狂人飛也希望透過「Lore 讓知識飛」，將程式開發、基礎管理等多元領域的學習資源帶到偏鄉，弭平資源上的差距。

團隊透過與偏鄉學校配合，共同討論老師的需求取得更多對應的課程與授權。讓狂人飛創辦人兼執行長洪璿岳認為，「偏鄉需要的不是規模化而是精細化」，唯有給予符合的資源，才能真正有所幫助。

課程「買一捐一」支持教育服務

在偏鄉教育服務上，讓狂人飛除了以群眾集資來呼籲大家關注教育科技與教育平權外，更永續的建立起「買一堂課捐一堂課」的服務，希望在線上學習界拋磚引玉，讓保存愛心名額的善念可以長久傳布。而在提供弱勢團體協助之餘，讓狂人飛也希望能更廣域的服務所有需要學習的人，讓每一個無法親臨學習現場者，都能藉由更好理解的內容、更即時的學習體驗，獲得超越地理限制的學習成效。

> 「擁抱下一代的技術，才能為下一代服務。」
> ——讓狂人飛

黃金圈分析
WHY / HOW / WHAT

- 落實「回得快，學得快」理念，透過即時回饋AI、互動學習介面，讓學生在遠端也能紮實的學會知識

- 以知識轉譯的Know-How設計演算法
- 研發線上作業回饋系統、學習介面系統
- 以「通用設計」理念打造AI產品，做出所有人都能輕易上手的自然語言AI服務

- 導入AI輔助系統優化線上學習體驗，創下61.42%的亞州第一高完課率
- 發展出履歷、作文、圖像學習平臺、學生學習歷程等近10項深度應用
- 推出內容摘要AI技術，讓線下課程逐字稿僅需60秒就能轉為線上課程草稿簡報

趨勢二：人文教育　#教育新創　#科技應用

趨勢二：人文教育　專家點評

青年新思維鑿開教育的框限

文｜李應平，台灣好基金會執行長

所有你想不到的，都在教育裡發生！從教改到一○八課綱，三十年來臺灣教育體制雖然有大幅度的改變，但是社會認知與環境整備卻趕不上制度調整的速度。因此，更多元的選擇、更有趣的方法，就必須仰賴新世代青年的創新思維，突破時間與空間的天花板，讓快樂的學習無所不在。

教育是基本人權，也是打破貧窮循環的途徑，「遠山呼喚」以行動力挺尼泊爾偏鄉兒童的受教權，但是服務場域遠在國外，如何喚起臺灣人的關注和參與？又要如何讓尼泊爾的父母了解讓孩子接受教育的重要？都讓我們看到年輕團隊的智慧。如何落地生根、永續發展？

「Skills for U」是對臺灣技職教育最好的示範，透過「用技能與社會對話」方式，加上全方位的溝通，證明「技能」不只是經濟的附庸或日常生活的工具，更是解決社會問題、實踐社會永續的媒介。

「玩轉學校」以「議題式遊戲教學」為基礎，選擇在傳統教育的框架下，活化部分教學，或是以創新教學的空間來讓體制內教育變有趣，讓孩子學會自己找出問題，自己解決問題，是一生受用無窮的能力。

「城市浪人」把城市變教室，以遊戲競賽，鼓勵年輕人突破舒適圈，透過在城市流浪，發掘潛藏內心的勇氣，在實踐自我價值的行動中，更能夠藉由了解不同社會議題，提升同理關懷與公民責任感。

「讓狂人飛」創造了世界上第一個線上學習AI助教系統，並且嘗試找出比影片更完善的線上教育型態。在工具快速發展的AI世界，「讓狂人飛」是跟時間賽跑。

「Ibu 部落共學團隊」專注、客製的陪伴臺東武陵部落的孩子，因為創辦人郭孔寧相信改變一個孩子，就有機會改變一個家庭，部落的翻轉創生就伸手可及。只有重拾傳統的驕傲，孩子才能自信地走在人生的路上。

在科技持續快速進步、城鄉落差越趨劇烈、社會價值重新定義的時代，青年新思維投入人文教育，更顯得前進而珍貴。

用教育種下改變

文｜顏博文，慈濟慈善事業基金會執行長

外在環境如城鄉差距、國際趨勢、天災人禍、新冠疫情、虛擬網際等等，影響著各個世代。教育的本質不只是外在的知識學習，更是人品、德行的涵養，旨在建立以人為本、宏觀天下的價值觀。慈濟人文教育更期許透過引導，啟發心中的「感恩、尊重、愛」真誠待人，更與環境共生，成為一個對世界和對人友善、有愛的人。

慈濟多年來以建立「全人教育」為目標，除了創辦由幼兒園乃至研究所的完全學程，於社區自一九九三年起為「兒童、青少年、家長」開設系列課堂；除此還有一群來自全球各大專院校學生所組成的「慈濟大專青年聯誼會」以及對教育懷有熱忱與使命的老師組成「慈濟教師聯誼會」（簡稱教聯會）。期待人人都在生命中向自己學習，並能為自己、為社會付出。

青年公益團隊「遠山呼喚」瞭解教育是生命的希望工程，更是改變未來的力量，因此為失學孩童提供教育支持系統；「Skills for U」帶臺灣社會看見技職專業的價值，提供多元學習管道；「玩轉學校」透過遊戲融入教育，培育孩子解決問題的能力；「城市浪人」關注於學生對自己與未來存在著迷惘與盲點，鼓勵學生走出舒適圈認識世界與自己。因應疫情而被廣泛運用的線上教育要如何更加有效的提昇學習效率？「讓狂人飛」以此為使命重新定義學習歷程，拆解教學知識，結合 AI 技術發展出線上也能好好學習的解方；「Ibu 部落共學團隊」實踐教育深耕，長期陪伴部落的孩子重新認識自己並發展屬於自己的未來。

這些青年公益團隊深信教育為百年大計，他們以嶄新的方法引導並啟發人人內在的趨動力，以教育的「軟實力」讓學生、孩子綻放屬於自己的光芒。

趨勢三：地方創生

#老屋新生 #文化資產活化 #社區設計 #創新教育

⑪ 改變世界大推手

小學生掀動改變的漣漪，在地共好守護社區永續

「改變世界大推手」是彰化南郭國小一群資優班學生與吳嘉明、陳宥妤兩位老師共同組成的計畫小組，目的是要使文化古蹟「彰化南郭郡守官舍」宿舍群重新活化起來。官舍興建於一九二〇年，彰化縣長等相關行政首長皆曾在此居住過，但隨著時代更迭，在人去樓空後，乏人問津。「改變世界大推手」便希望透過「分享」的概念，讓在地人可以意識與認識自己在地的文化，搭起社區與南郭郡守官舍的橋梁，進而成為守護在地文化的起點，讓在地更好。

「行動學習課程能與真實世界有所連結，能啟發孩子觀察、思考並嘗試解決問題。」計畫小組中的陳宥妤老師解釋了行動學習課程的核心理念。該課程是南郭國小資優班的傳統課程，當大夥在某一次課程中意外走入了官舍，隨之而來是孩子們的驚呼，「每天都經過的地方，但大家都不認識。」

在那次行動學習課程之後，孩子們認識了官舍，也因此產生了「改變世界大推手」的出發點：「有認識才有尊重，懂得尊重才會珍惜」。即便多數人認為這個世代的小學生對這一切都是無感的，並為此感慨，但其實問題在於孩子們並沒有認真投入與感知，當給予他們理解的機會之後，

陳宥妤攜手吳嘉明老師，引導孩子們培養面對真實世界挑戰的自主能力。圖片來源｜改變世界大推手，FUN 大視野

60

會發現他們開始對自己所擁有與身處的社區、文化，產生一份尊重，並且生出珍惜之情。

行動學習滾動出改變的力量

透過扎實的公民素養教育以及思辨練習，這樣走出教室的學習，最明顯的改變是學生們開始會關心身邊的事物，想讓世界變得更好，而且能幫助人讓他們覺得很快樂，也很有成就感。他們的行動與改變連帶鼓舞了普通班的導師，更樂於支持孩子們繼續進行這樣的行動學習課程。

在進行守護社區文化資產行動時，孩子們體認到政府在處理文化資產行動時，應該多多和民眾溝通，了解當地居民的需求，才能和民眾一起共好。對學生而言，社會課本中提及的「地方政府與組織」不再只是個名詞，而是生活中可以與民眾溝通合作的夥伴。而很多議題是超越國界且具共通性的，透過關心敘利亞的孩子，他們發現看不見的事情不代表不存在，因此，也能關心不同地區文化的人們。

另一方面，家人無條件的支持，讓學生們更加相信自己，堅持去實踐社會參與，讓微小的力量，滾動所有人一起行動，一起改變世界。最好的例子是他們在彰化南門市場的公民行動，一開始只是運用空攤策展，喚起民眾注意這座失去過往風華的傳統市場，想不到卻真的吸引了新的攤商進駐，讓市公所招租成功，進而影響了公部門的態度，在二〇二〇年規劃了市場改造設計。

南郭郡守官舍與國小行動學習課程的意外邂逅，改變了遭閒置荒廢的命運。圖片來源｜改變世界大推手，FUN大視野

趨勢三：地方創生 ｜ ＃老屋新生 ＃文化資產活化 ＃社區設計 ＃創新教育

趨勢三：地方創生　#老屋新生　#文化資產活化　#社區設計　#創新教育

營造共學圈，實踐社區設計

「改變世界大推手」對南郭郡守官舍的活化計畫，從小學生對街區的感受出發，透過來自學生的創意與行動，將其在課程中所創作的藝術作品為展件，規劃以老房子為主軸的展覽活動，並與社區在地資源結合，再加上整合學習的跨領域知識，藉由與鄰近大專院校跨學習階段的課程合作方式，具體執行問題解決方案。計畫期間共有四所學校、近三百名師生共同參與跨階段教育合作，培養學生具備理解並參與設計社區相關事務的能力，建立共學圈，形成取之於社會、用之於社會的良好循環。

社區設計不只是實體形式的組構創作，也是群體生活的再思考，這也是為什麼活化計畫的執行特別重視整合社區和學校。透過課程引導學生產生行動，經由實地參訪、知識學習、藝術創作、田野調查，根據田調的結果，找出有趣的議題，發想可創作的元素，並以社區為尺度，思考在地生活的價值，重新定義人與人之間的連結，改造人與環境的互動關係，讓空間活化方案對社區產生具體可見的幫助，而不只是成為展覽館舍一途。

根據田調結果，「改變世界大推手」創作產出當地的故事，並轉化為可分享與傳播的形式，例如文字報導、平面或動態影像等，厚植在地人文底蘊，作為日後類似案例的經驗故事。整個計畫的實踐，是把看見的社會問題化成自身能夠落實解決的創意行動，後續更開始將負責營運的

「改變世界大推手」的官舍活化計畫是從小學生對街區的感受出發來發揮創意。圖片來源｜改變世界大推手，FUN 大視野

62

團隊小檔案：改變世界大推手

- 為彰化南郭國小一群資優班學生與吳嘉明、陳宥妤兩位老師共同組成的計畫小組，從行動學習課程出發，以「老屋新生，守住南郭」為訴求。這群師生自 2017 年開始承接當地文化古蹟「南郭郡守官舍」其中兩棟的活化營運，為國內罕見由國小師生進行守護文化資產案例。
- 希望透過「分享」的概念，讓在地人可以意識與認識自己在地的文化，搭起社區與南郭郡守官舍的橋梁，進而成為守護在地文化的起點，讓在地更好。

社會影響力：

- 2018 年計畫期間串聯 4 所學校、296 位師生共同參與跨階段教育合作，精進教學創新。
- 計畫期間舉辦 42 場活動，邀請 2700 位公民參與行動，讓空間活化再利用。
- 計畫期間舉辦老街區的 28 場地方生活學交流，促成 550 人跨齡跨域串連。
- https://zh-tw.facebook.com/oronm174/，https://sites.google.com/view/nanguo174
 #第一屆　#SDG4、SDG11

以「老屋新生」為主軸的活動滾動出跨校、跨領域的共學圈和社區的凝聚力。圖片來源｜改變世界大推手，FUN 大視野

趨勢三：地方創生｜#老屋新生　#文化資產活化　#社區設計　#創新教育

趨勢三：地方創生　#老屋新生　#文化資產活化　#社區設計　#創新教育

兩棟官舍對外開放，希望藉由導覽參訪匯聚更多關心相關議題的人們，同時規劃作為校外教學知識學習場域，透過活動的辦理整合多方資源，發揮社會關懷與公民參與精神，積極達成在地共好的效益。

擴散了教育影響力的「改變世界大推手」，就像一處教育實驗室，營造跨領域共學圈、建構地方知識學，同時也扮演著地方創生基地的角色，創造老屋新生、實踐社區設計。

以官舍為基地，構築社會參與永續的行動力

「改變世界大推手」成功發起了南郭郡守官舍的守護與活化行動，對於未來，他們懷抱著更宏大的願景，要繼續以學校和社區為基點，用行動向世界擴散改變的力量。

- 願景一：整合在地資源，創造舊城新生

未來將持續透過官舍內的各項素材作為各類創新教學實驗的來源，並以藝術元素及環境空間美學之概念，建構現有閒置的空間，進行美感體驗活動，進而擴及在街道上融入本地脈絡的事物及印象，讓社區裡的老房子和老街區，再度成為城市鮮明的紋理，為學生創造學習新力，為地方創造新的生活體驗。

- 願景二：跨域共學與世界交流，讓社區設計永續

以學區內的社區閒置空間為行動學習之實踐場域，結合

對外開放的兩棟官舍藉由導覽參訪匯聚了更多關心地方文化議題的人們。圖片來源｜改變世界大推手，FUN 大視野

當地資源與力量，例如視覺設計師、食物專家、在地店家、居民、文史工作者、觀光導覽解說協會的解說員、大專院校教授等，開設多樣課程內容，推進社區學習、社區探究及社區參與行動，再將成果經由影像紀錄片、教師研習講座、教師社群、參展活動等管道分享。希望藉由不同平臺使人們有更多的交流，把故事帶出彰化，影響更多人一起發揮社會關懷與公民參與精神，用教育扎根，構築社會參與永續的行動力。

- 願景三：社會參與突破現況並擴大影響

透過由單點到全面串聯全國各個相關組織機構，更廣泛地創造改變的契機，影響更多有意願參與在地文化深耕的人們，從他述而自述找回自己地方的脈絡，開啟各地老街區和城市間的連結與人際互動，建立永續發展的共同願景。

- 願景四：厚實團隊力，以設計思考加值教育產業

未來希望打造可以探究、行動、溝通互動的新團隊，負責引導的教師繼續發揮專業知能，培養學生足以面對新時代挑戰的能力，另一方面則透過課程與教學的改革創新，以務實的在地行動，建構一個適性揚才的教育環境，解決學生課堂學習與真實生活的落差。因此，將繼續研發更多以設計思考為核心的行動學習，以立足於在地社區的人文底蘊，向外擴大分享的力量，期許透過城市及國際交流的形式，落實全球思考，在地行動。

> 「行動學習課程能與真實世界有所連結，能啟發孩子觀察、思考並嘗試解決問題。」
> ──改變世界大推手

黃金圈分析

WHY / HOW / WHAT

- 透過教育的角度與介入，活化地方文化資產，搭起其與社區之間的橋梁，進而成為守護在地文化的起點，讓地方更好
- 以務實的守護在地行動，解決學生學習與真實生活的落差，建構自主學習的教育環境

- 運用社區設計概念，引導學生進行公民行動提案，實踐社會參與
- 引導學生從理解、同理到關懷付出，強調設計思考、溝通互動及實踐反思，讓其在真實問題情境中自主學習

- 以南郭郡守官舍「老屋新生」為主軸，實踐在地共好行動方案
- 串聯各級學校、公私部門、青年團體等地方資源，營造共學圈，營運活化官舍

65　　趨勢三：地方創生　｜　#老屋新生　#文化資產活化　#社區設計　#創新教育

趨勢三：地方創生　#商模再造

⑫ Factory NextGen
打開工廠大門創造體驗，翻轉小製造的未來

在新北市，有幾間專做針織服飾的小工廠，是「快時尚」浪潮下的波及對象。過去，這些工廠接到的訂單每天沒有停過，每個工作人員、每台機台都在盡全力的產製客戶所要求的物件，那是段錢淹腳目（臺語）的日子。但現在，每週的訂單寥寥無幾，人與機台似乎都被叫停在過往時光中。對此現況感到不捨的「巧欣針織社」第二代陳思穎，便創立了 Factory NextGen，扛起中介者的角色，期待可以將人帶進工廠，並將工廠裡職人的技能傳承下去。

身為工廠第二代的陳思穎，從小就住在工廠的房間，也和工廠的工人們一同在工廠裡面吃飯。在成長過程中除了學校外，大部分的時間都待在工廠內，無形中與工廠建立起不可替代的情感與關係。在大學畢業那年，因為其他工廠無預警的倒閉，才赫然發現工廠原來是會在一夕間消失不見的。而如何將工廠、職人、技能，完整的保留下來並交托予下一代，便是最重要的課題。因此，「把人帶進工廠走一遭」成為 Factory NextGen 的核心任務之一。

青銀共創串起理解、傳承與突破

陳思穎希望透過 Factory NextGen 能喚起小工廠職人的

小小製衣師是工廠規劃的親子體驗活動之一。圖片來源｜Factory NextGen，FUN 大視野

66

自我價值認同,並對外推廣工廠製造的價值。除了發布職人自述專文與影像,記錄與宣傳新北地區針織產業的職人故事及製衣故事,也培訓職人成為講課教師,這是因為陳思穎發現,工廠職人雖有好手藝,卻不懂如何教學傳授知識,以至於技術無法推廣傳承,因此特別規畫課程,培力職人們擁有獨立教學與講課能力。

至於該如何把人帶進工廠,則是藉由工作坊的交流與實作,建立工廠與年輕人的互信關係。陳思穎分享「60×16 青銀共創」工作營的例子,60泛指工廠裡接近六十歲的老技師們,16則為十六歲的年輕學子。老技師們有熟練的技術和豐富的經驗,但缺乏規劃、科技引導能力,而年輕孩子們相對的擁有創意與科技專長,透過工作營的活動,讓兩代的人能夠面對面溝通,討論小工廠轉型的議題,也為工廠的多元人才開創可能性。

轉型策略讓永續經營現曙光

為了存續,工廠的轉型勢在必行,陳思穎藉由建立世代合作及腦力激盪的方式,嘗試解決小工廠的問題,並找出未來的願景和經營策略,創造世代傳承的可能性,希望工廠能永續經營。「工廠裡的教室」與「職人教學工具箱」是陳思穎提出的兩個解方。前者協助小工廠部分轉型為才藝教室,作為小工廠文化傳播和技術傳承的策略,引起社區的認同和關注,更協助工廠發展多角化轉型經營策略。「職人教學工具箱」則輔助職人進行教學課程規劃,協助課程

團隊小檔案:Factory NextGen

- 源自 2017 年創辦人陳思穎為其英國服務設計碩士學位所進行的畢業製作計畫,以新北市地方小型針織工廠為對象。現為以數位導入,將跨世代工作營與服務設計引入小工廠的社會企業。
- 專注在連結工廠外的學子與工廠內的老職人們,讓不同領域的人才針對工廠議題討論並執行,透過可持續的商業模式規劃,協助臺灣小型製造業延續與再造,同時希望每個個體都能看到自己的價值並創造改變。

社會影響力:

- 2018 年執行「60×16 青銀共創」計畫,帶領 30 位學生走進 5 間工廠,編寫出 10 篇的專業報導與影片。
- 2019 年協助工廠開設體驗課程,並獲邀上架 Pinkoi 設計電商平臺。
- 2020 年開立職人培訓專班與執行「以技換技」,讓因新冠疫情無法收到代工單的小工廠能藉課程而有營收。
- 2021 年鉤針繡補課程累計超過百人參與,針衣織繡補或玩偶完成總數約為 300 件,超過 15 家媒體採訪報導,累計獲邀15個以上機構分享專案,參與分享人數達 1000 人。
- https://www.facebook.com/FactoryNextGen/

#第一屆　#SDG8

趨勢三：地方創生 #商模再造

講義製作以及教材設計，讓職人能夠更順利地傳遞工廠裡的技術與他們的製造故事。

Factory NextGen 在工廠內設計許多不同的活動，如鉤針繡補課程、媒體報導營、逐格動畫創作工作坊、社群行銷分享會等，為的就是能激盪出更多不同的火花，將更多的族群都帶進紡織工廠當中，像是練習報導編採的學生、想補衣服的人、想做動畫的人、想經營社群網路的人等。在這些活動結束的同時，也代表著有更多人從工廠裡帶回了對紡織產業的印象與認識。

以課程為引的跨世代培力

Factory NextGen 成功培訓超過十位職人，使其能夠獨立教學並成功開課，將鉤針繡補、手搖橫編機、圓盤縫合等紡織專業傳承下去。目前已開設過逾十種課程，有兩小時的親子體驗活動，也包含四十八小時的職人培訓課。自二〇一七年至今，已累計一百堂課、超過六百位學員走進工廠，親身體驗工廠文化並學習相關技術。

職人透過課程的教授，讓紡織廠技術流傳，更讓職人重新看見自身價值，發現自己不再只是車衣服的工人，還是懷有一身絕技的老師。而透過線上與線下的平臺與異業結合的方式，讓不同專業、不同年紀的人才進行交流，經由課程的連結，又有更多的年輕設計師知道小工廠，進而協助工廠拓展代工業務，進行產品的織造。這樣的互動循環，

右上：Factory NextGen 創辦人陳思穎致力於「把人帶進工廠走一遭」。右下：工廠裡的青少年營隊可以用自己擅長的方式來說工廠的故事，熱舞社的學生選擇了跳舞！左上：工廠職人與外部人才跨界合作，以精湛的針織技藝進行風景創作。左下：小小製衣師是工廠規劃的親子體驗活動之一。圖片來源｜Factory NextGen，FUN 大視野

68

為工廠與外部人才都創造了不同的視野和收穫。

多角化經營為小工廠文化覓活路

從二〇一七年展開 FactoryNextGen 計畫以來，陳思穎的初衷始終不變，希望能將針織產業製造透明化，對內喚醒沉睡的職人，讓他們意識到自己技藝的重要性，以及傳承的社會責任，提升職人價值；對外則希望向大眾及年輕學子分享工廠資源、宣傳職人專業價值，並能有機會實作探索體驗，認識生涯規劃的多元管道。陳思穎認為世代對立和互相批判是臺灣社會常見的問題，透過工作坊和工作營的青銀共創活動，能有效建立同理心和互信，進而共解決方案。不僅有助於打破戰後嬰兒潮世代和Z世代之間的鴻溝，更能打開小工廠長久封閉的大門，與社區分享資源，讓年輕人走進工廠。

小工廠目前經營的策略除了接單和維持活動報名收入作為資金來源，陳思穎也構思下一階段將為社區做商品開發，讓工廠不只靠代工營運，而是多角化智慧經營。最終目標為培力小工廠朝產業轉型發展，開創小工廠永續經營的可能性。

「年輕人穿著衣服，卻不知道衣服怎麼來；職人們一身好手藝，卻漠視自己的價值。打開工廠的門，走進工廠，一起翻轉小製造的未來。」

——Factory NextGen

黃金圈分析
WHY / HOW / WHAT

- 打開工廠的門，讓工廠內外的人交流並共同創造，讓小製造永續發展

- 提升小工廠職人自我認同價值，由內而外地凝聚未來願景及永續經營的共識
- 工廠資源對外分享，推廣製造價值，消弭世代鴻溝，提供學子多元探索的學習機會
- 培力職人們具備傳承及推廣之能力，向外傳播小工廠的專業技藝
- 以社區營造與社區文化保存精神，紀錄、保存及推廣新北市的製造代工文化

- 開立體驗與專職課程，包含親子體驗營與職人培訓
- 寒暑假辦理青銀共創工作營
- 協助設計師與工廠進行產品開發
- 為新北地區的針織製造代工故事與製程進行記錄與宣傳，並利用國際活動平臺推播

趨勢三：地方創生 #友善農業 #弱勢關懷

⑬ 幸福食間
以農扎根，強化產業價值鏈助偏鄉

幸福食間的成立，是要以社會企業的模式，延續社福團體善導書院（全名為「社團法人中華民國慈惠善導書院文化教育研究協會」）協助弱勢、友善耕作的基本精神，永續於屏東縣高樹鄉的在地服務，期望能夠改善偏鄉資源和教育程度不足以及弱勢族群就業的問題。與善導書院共生共榮的幸福食間，除了擴大行銷書院生產及屏東的在地農產品，更多的是教導當地農民無毒農業，以及培養書院孩子「自食其力」的精神。期待透過幸福食間的推動，不只讓屏東農產品被看見，更能活化當地的社區與住民，讓弱勢貧窮得以被翻轉。

克服從非營利到營利的雜音

幸福食間執行董事會佳偉會在書院擔任多年志工，受到創辦人陳文靜院長的感召，於是在二○一六年辭掉工作，全心投入幸福食間的公司營運，要讓愛能夠長得更大更好。他借助過去進駐社企聚落與社會創新實驗中心的經驗，以及於首都圈累積之豐厚人脈，推展幸福食間的行銷工作，期能為產品找到好的銷售通路，推廣善導書院理念，更希望能將相關經驗帶回屏東，未來也能在偏鄉打造一個多元

幸福食間創辦人兼董事長陳文靜希望以社會企業模式永續在地服務。圖片來源｜幸福食間，FUN 大視野

的共享工作空間，讓青銀都能在高樹這塊土地上一起打拚。

從非營利組織善導書院獨立出來成立一家公司，過程並沒有想像中容易，常常必須回應大眾對於「是否販賣愛心」的疑慮。面對非營利組織，民眾因為了解書院的運作，很願意主動捐款，讓書院的孩子可以無後顧之憂地去學習一技之長，但轉型成社會企業時，開始出現反對的聲音，像是「消耗愛心」、「運用童工」等等的言論。一開始曾佳偉對於這些誤解感到非常難過，明明都是想要為這個社會灌注改變的力量，但是卻受到許多的責難，屢屢碰壁，讓他十分受挫。但是他沒有因此放棄，反而說：「一個想法，以我的年紀，我還是可以有嘗試失敗的權利，就做對的事吧。」靠著不斷的努力和之前一路行來的累積，幸福食間腳步慢慢踩穩，現在也獲得很多大眾認同。

創造共享價值

高樹鄉長期面臨農產品行銷能量不足、農業人口老化等問題，幸福食間為此苦尋解方，希望為在地投入及連結更多資源，進而由農業、加工業為地方增加更多就業機會，同時傳播愛護、永續土地的概念，並且加強數位網絡利用。曾佳偉表示，陳文靜院長透過協助書院孩子的家長就業，改變了家庭環境，從原本充斥暴力相向、吸毒等的日常，轉而彎下腰腳踏實地的去生活。另外，透過提高收購價格，讓更多老農願意投入無毒農業，還給家鄉淨土。面對過剩的農產品，則提出了做成「天然加工製品」的方案，要讓

團隊小檔案：幸福食間有限公司

- 成立於 2016 年 6 月 13 日，由位於屏東縣高樹鄉的善導書院創辦人陳文靜女士設立，延續其協助弱勢、友善耕作的基本精神，落實書院「手心向下」、「善的循環─創造六贏」之理念，以社會企業模式永續書院的在地服務。
- 透過強化生產價值鏈、布局產品與市場，以及促進在地群聚發展等模式，期望能夠為屏東高樹解決偏鄉資源、教育程度不足及弱勢族群就業的問題，達成書院、守護天使、農民、土地、家庭及孩童六贏的目標。

社會影響力：

- 曾參與「社會企業圓夢百寶盒」、國際扶輪社「扶企福氣包」、世大運熊讚伴手禮等專案計畫，亦曾登上 2019 APEC 城鄉創新國際論壇 APEC TALK、2020 TED xTCUST 的舞臺分享經驗。
- 在新冠疫情前，平均每年參與 60 場短講、80 場國內外的展售活動、吸引超過 150 組以上的團體造訪屏東高樹。
- 透過友善農業創造六贏：土地──環境永續；孩子──自食其力拿回人生主控權，弱勢不世襲；家長──協助技職培育及就業，改善家庭經濟；弱農──增加通路，創造商機；書院──自給自足；守護天使──以購買或以物易物代替捐款，延續改變的良性循環。
- https://www.happiness-sundoor99.com

#第一屆　#SDG1、SDG4、SDG8、SDG12

趨勢三：地方創生 #友善農業 #弱勢關懷

每一份辛苦工作的成果都不浪費。

懷抱解決社會問題的崇高理想，幸福食間利用「創造共享價值」理論，建構一個良善的工作環境，為屏東高樹在地重新構想產品及市場，進行價值鏈生產力再定義，進而促進地方群聚發展，期盼打造一個完整的在地生態圈，推動偏鄉產業健全化，讓社會公益能夠永續發展，讓被服務的人感到幸福。

延續手心向下的善循環

幸福食間守護源自善導書院的理念，貫徹「手心向下」的精神持續往前，幫助高樹偏鄉的孩子以農務在地扎根，秉持自然農法來耕作，愛護土地，共生共存，透過販售，自食其力，也讓以購買來支持的守護天使吃得健康。當書院將自然農法推廣到社區，則陪伴在地弱農一同成長、銷售，同時研發二級加工產品、建立烘焙廚房，來改善農產滯銷問題，製作人力則由學童家長、在地原住民、新住民等人力加入，創造更多就業機會，改善學童家庭經濟。

為了精進產品品質和製作技能，幸福食間特別找專業的團隊來教導孩子及弱勢族群烘焙實作，設計循序漸進的課程，搭配完備齊全的烘焙環境和設備，以提升其興趣、培育人才，要用在地最好的農產品製作好吃又好玩的烘焙食品。就這樣以農串起了土地、孩子、弱農、家庭、書院、守護天使，在善的循環之中，創造六贏。

右上：高樹的無毒鳳梨是幸福食間打造在地農特產品牌的主力作物。右下：孩子們從農務中學習工作技能，培養自食其力的精神。左上：透過有趣又專業的烘焙教學，製作鳳梨乾已經難不倒社區的孩子。左下：曾佳偉於 2020 年 TEDxTCUST 分享幸福食間的經營模式與理念。圖片來源｜幸福食間，FUN 大視野

72

盼打造產業一條龍永續偏鄉發展

談及幸福食間的未來規劃，曾佳偉希望可以做到「規模化」，讓有愛心的人能夠複製經驗到更多偏鄉地區，讓孩童以及農民受惠，藉由善的行動，慢慢地終止貧窮的循環，打造一個共好的社會。

短期目標是建構完整的公司組織，將重點放在行銷善導書院生產的農產品及農產加工品，並協助整合行銷高樹偏鄉地區弱農或老農種植的無毒自然農法作物，讓更多人知道高樹優質農產品，改善弱勢農民經濟。

中期目標則是分階段在高樹地區建置溫室、農產集貨場、加工廠、餐廳及民宿一條龍式的服務，從初級到四級產業，讓顧客吃到新鮮安全的農產品與加工品，在好山好水寧靜的田園大自然中獲得身心的休憩，享受體驗的樂趣，邂逅濃濃的鄉野人情味，無形中培養愛護自然生態的情操。

至於長期目標，則希望結合前述目標，在偏鄉建構完整、良好的工作環境，讓偏鄉孩童能夠在各種產業體驗，包括農業、加工業、餐飲業、服務業、飯店業、觀光業以及偏鄉教育產業，並能從中找到適才適性的工作，留在家鄉打拚，傳承及永續經營偏鄉各項產業發展，從學童時期的培養及教育貫連到青年從業時期，真正達到青年留鄉的目標。

「以『善待、在地、當下、良做、不剩食』的心念，去設計每一件自利又能利他（友善大地、無毒、健康）的好產品給消費大眾，創造一個生存、生命、生態、生機共榮的幸福生活圈。」
——幸福食間

黃金圈分析
- WHY
- HOW
- WHAT

● 手心向下
● 善的循環—創造六贏

● 推行友善農業
● 將產業發展結合在地社會關懷，包括偏鄉弱勢學童教育、偏鄉人才培育及就業、社區老人關懷等
● 以一級農業產業為經，二級產品加工為緯，行銷服務（三級產業）為平臺，將善導書院及在地小農、弱農、青農的一、二級產品，結合社區六級化休閒觀光產業，以高樹為基地推廣至全臺灣，甚至出口外銷

● 推動在地農創（文化X農業）產業發展：連結在地資源，提高高樹的風土物產關注度，引入觀光人流，吸引更多青年願意返鄉打拚
● 建構高樹鳳梨品牌力：逐步完善高樹鳳梨的產業鏈，提升銷售的經濟價值
● 建立烘焙廚房：開發二級加工品解決農作物遇農損、滯銷時的種種問題，扭轉小農靠天吃飯的宿命，並為地方創造就業機會
● 強化農特產品行銷能量：透過網路行銷平臺與通路開拓，擴大高樹物產的能見度與銷售，改善在地小農、青農、弱農的經濟

趨勢三：地方創生　#弱勢關懷　#教育新創

⑭ 逆風劇團
以藝術陪伴為起點，接住每一位迷途的青少年

成瑋盛、邱奕醇、陳韋志三個在臺北市大同區土生土長的大男孩，在二〇一五年共同創立了全臺灣第一個以高關懷少年服務中心也找不到的非行少年[1]。因為三人過去曾是社區令人極為頭痛的問題少年，如今更懂得如何帶領與陪伴那些很多少年服務中心也找不到的非行少年[1]。

「逆風劇團不只是劇團，在團員心中更像是一個家。」邱奕醇分享他的觀察。他們陪伴特殊境遇、被體制遺落的青少年，以各種形式拉孩子一把，深信沒有一個孩子是自願變壞的，都應該擁有改變的機會，為自己創造出生命的價值。劇團希望能承接偏離體制與社會航道的中輟和高關懷少年，藉由戲劇教育以及藝術培訓，進行陪伴且導正，讓這些青少年在遵守團體及社會共同的規範下，能自由地做自己的事。

透過藝術培訓找回自我價值

劇團成立的頭幾年，舉步維艱，排練、開會討論是在天橋下、屋頂上；而走到現在，劇團已經有一個能夠遮風避雨

1：「非行少年」一詞源自日語，在臺灣意指有偏差行為的青少年，法律概念上將少年虞犯行為與少年觸法行為並列為少年非行的一種類型。

逆風劇團由（左起）成瑋盛、邱奕醇、陳韋志共同創辦。圖片來源｜逆風劇團，FUN大視野

74

團隊小檔案：逆風劇團

- 於 2015 年成立，由三位曾是社區問題少年的成瑋盛、陳韋志、邱奕醇在重回正軌後共同創辦。
- 希望透過戲劇與陪伴的方式，將偏離體制與社會航道的中輟、高關懷青少年引回正軌，協助他們從中找尋到人生的方向與自我的價值，並引導成功賦歸的孩子，在未來能夠為社會有所付出與回饋。

社會影響力：

- 在 2021 年，表演藝術課、高關懷青少年陪伴課程累計時數 224 小時，共計 111 人次參與課程；7 場次戲劇演出，直接服務 53 位青少年，直接觸及達 3983 人次。
- 全臺反毒劇校園巡演及生命影響力講座分享，至今累計近萬人次參與。
- https://www.afighter2020.com/5

#第二屆 #SDG4、SDG8、SDG10

成立初期的逆風劇團，以戲劇幫助非行少年重拾自信，透過戲劇教育及藝術培訓的方式，帶領中輟且高風險的青少年參與戲劇製作，脫離原本的環境。加入藝術培訓的成員主要來自雙北的青少年中心、機構、感化院的非行少年，

的地方，擁有簡易的排練場、辦公室、廚房飯廳，雖然不華麗，但對非行少年來說，已是最溫暖的家。如今的逆風劇團，對高關懷青少年來說，不僅猶如一處燈塔和避風港，更是一個完整有力的賦歸系統，支持他們重新融入群體。

右上：逆風劇團透過核心的戲劇教育課程與互動慢慢打開青少年的心房。右下：新冠疫情期間課程不中斷，廚藝課改成線上進行。左上：逆風劇團就像一個大家庭，演出前眾人一定會一起集氣。左下：逆風劇團將藝術多元培訓課程帶入全臺中介教育校園。圖片來源｜逆風劇團、FUN大視野

趨勢三：地方創生 ｜ #弱勢關懷 #教育新創

趨勢三：地方創生　#弱勢關懷　#教育新創

劇團並以青少年為主軸編寫劇本，讓成員們能夠在舞臺上演繹屬於自己的生命故事，最大的目的是讓成員們在計畫期間找回自我價值，學習團隊合作與負責任的態度。

為非行少年打造四張安全網

在經過五年的營運後，逆風劇團收斂出接住非行少年的四張安全網──陪伴、公益、社福、教育。在陪伴方面，除了繼續透過戲劇藝術陪伴青少年找回人生方向與自我價值，並定期舉辦「逆風之夜」家族聚會，讓這群孩子互相交流分享，達到彼此陪伴。在公益面向上，成立「逆風聯隊」，用幫派的形式帶著孩子走進社區掃街做環保、送餐、實踐公益，讓這群非行少年的生命從被助者邁向給予者，打造一個只做好事的幫派。

在社會福利制度上，劇團希望替孩子們串連起一套完善的就學、就業到就醫的系統，藉由專業的諮商、學校和職場可對應的診斷說明書，幫助孩子融入社會環境，逐步脫離過去的生活圈。二○二○年更因此成立了「臺灣青少年啟歸協會」，希望藉由一個以臺灣青少年福利與服務為主體發展的協會，牽住每個需要幫助的孩子。

二○二一年更從劇團成長到設立「逆風學院」計畫，落實推動教育的根本，設計體驗教育、職業技能、表演藝術多元課程，打造更完善的教育安全網，希望能夠因材施教，讓孩子們找回學習的樂趣與自信，進而重返體制。

團長成瑋盛分享：「透過劇團做陪伴、透過聯隊做公益、透過協會做社福、透過學院做教育，努力把這四項整合起來，讓特殊境遇少年不只是降低犯罪的風險，更能成為臺灣未來人才或領袖」。

硬體和人員心理挑戰不斷

在進行陪伴和導正的過程中，劇團實際上遇到不少阻礙。首要面臨的是昂貴的場租，讓他們直到二○二二年以前，都沒有固定的排練空間。再者，隨著接觸愈來愈多青少年，發現到每個人身上都有不同的故事、傷痕或陰影，有時候覺得他們快要變好，但一下子期待放太高，反而容易落空，陪伴者本身學著如何去調適、應對，也是一種挑戰。

而最大的挑戰是核心團員的個人因素。逆風劇團可能被視為玩票性質，當看見身邊很多朋友已有所成就，心理上難免會產生失落、羨妒、挫折、自我懷疑等負面情緒，但一旦能認同自己所做之事的價值，就像鴨子划水，是要成就更大的事情，尤其是看到每個夥伴都像燃燒自己的生命在努力，等到撐過自身的心理糾結後就又能一起盡情享受了。

讓高關懷青少年都能發光發熱

「要做就做最好：成為臺灣最大、最正面的青少年幫派」，對於劇團的未來去向，團長成瑋盛說不會只局限在臺北發展，希望再過幾年當逆風劇團滿十歲的時候，能夠在全臺灣都有他們的身影，遍布他們的活動，讓全臺青少年在全臺灣都有他們的身影、遍布他們的活動，讓全臺青少

逆風賦歸系統

教育
13-20歲
青少年
→ 教育 → 教育
社會安全網
之不足 → 教育
逆風劇團
承接模式 → 重新融入
社群與教育
體制

黃金圈分析
WHY / HOW / WHAT

- 承接偏離體制與社會航道的中輟、高關懷少年，給予改變的機會

- 透過戲劇與陪伴的方式將孩子引回正軌，找尋人生的方向與自我的價值
- 引導成功賦歸的孩子，在未來能夠為社會有所付出與回饋

- 引導孩子參與劇團的多元藝術培訓課程，讓他們站上舞臺演出自己的故事，感受陪伴的溫暖與理解
- 執行「逆風學院」計畫，因材施教，助孩子們從失能找回自立的契機和自信
- 成立「逆風聯隊」，帶領孩子以行動回饋社區做公益
- 催生「臺灣風啟青少年賦歸協會」之設立，專注於高關懷青少年之福利與服務，助其融入社會環境

年中心機構的孩子，都能夠實現共同的目標：到臺北演出自己的故事。

為了讓這塊土地上不再有青少年被貼上壞的標籤，逆風劇團要搭起一個讓全臺非行少年能夠發光發熱的舞臺，就是因為懷抱著這樣的信念與直率的態度，讓他們能夠一路披荊斬棘，朝著目標勇往直前。

「讓每一個特殊境遇青少年的生命，都有逆風。我們相信有一天，社會的阻力也能成為助力。」
——逆風劇團

趨勢三：地方創生　#文化傳承　#台語推廣

⑮ 其雄木偶劇團
傳承布袋戲文化，將技藝嵌入學校教育及社區生活

香火裊裊、人聲鼎沸的廟會中，在廣闊的廟前一隅，精緻的戲臺上，戲偶走過千山萬水、悲歡離合，娓娓道出他們的人生故事。幕前，人們津津有味地欣賞，討論著劇情與角色；幕後，操偶與口白的合作無間，讓戲偶藉由細緻動作與聲調風格的差異展現角色特質，這是其雄木偶劇團的朱其島與朱南雄兄弟倆兒時熟悉的畫面。

可惜隨著時光流逝，戲台前的人山人海不復見。當休閒娛樂逐漸多樣化，曾經讓人引頸期盼的一部部掌中戲不再是人們唯一的選項。如今，廟會依然熱鬧，但是願意將目光投向舞臺的人卻越來越少。

因需求逐漸減少，競爭變得更加嚴苛，曾經需要多個成員出動，從舞臺搭建、操偶、口白、音樂演奏等各司其職才能盡善盡美的布袋戲表演，如今，一再的削價競爭，使得表演逐漸簡化成一臺車、一個人，搭配音響所播放夾著雜音的音樂與不甚清晰的口白。

對於其雄木偶劇團的團長朱其島來說，這樣的變化無法真正表現出布袋戲的精髓，甚至變相地加速了整個產業的沒落，因此，即使同時負責操偶與口白會導致體力的沉重負擔，他也不願意隨波逐流，堅持維持現場口白進行演出。

其雄木偶劇團的共同創辦人兼團長朱其島以傳承布袋戲文化為己任。圖片來源｜其雄木偶劇團，FUN 大視野

78

此外，也不再將日漸不敷成本的廟會演出視為劇團唯一的出路，而是選擇另闢蹊徑，讓新一代能夠從不同的管道重新認識布袋戲。

走入校園推廣臺語與布袋戲

為了擴大布袋戲的能見度，勢必需要找到適合的推廣方式。朱其島認為年輕世代無法欣賞布袋戲，最主要的原因出於聽不懂臺語，導致無法理解表演中所要傳達的故事，因此，他認為要讓布袋戲重新獲得關注的前提是讓觀眾都能夠聽得懂臺語，聽懂了才有意願，也才有能力欣賞布袋戲的演出。

這個思考方向讓其雄木偶劇團轉而走入校園，配合學校鄉土教育課程，選擇孩子們熟悉的表演劇目，像是西遊記等進行演出。透過耳熟能詳的故事，孩子們即使聽不懂臺語也能夠理解劇情，並在過程中藉由布袋戲學習臺語。這樣的模式成為一個學習歷程的循環，同時達成推廣臺語與布袋戲的目的。

除了表演以外，其雄木偶劇團也會透過社團、工作坊等不同形式進行教學，讓學生能夠親自了解布袋戲的操作與表現手法等，藉以傳承布袋戲的技藝。自幼就協助劇團服飾、道具製作的朱其島與朱南雄更笑稱，雖然小時候是因為爸爸不讓兄弟倆跑出門打電動，才會要求他們做這些手工藝，但正因為有這些經驗，如今在課程規劃上便可以更多元豐富。

團隊小檔案：其雄木偶劇團

- 2009 年成立於臺南市新化區，創辦人朱其雄、朱其島兄弟以傳承傳統表演技藝布袋戲為己任。
- 希望透過多元的管道與不同的方式讓布袋戲被大眾看見與了解，並得以重新融入人們的生活當中，同時也希望能夠為一代匠人記錄下記憶中的輝煌、保留獨特的技藝。

社會影響力：
- 至 2022 年辦理 3 場次文史紀錄工作坊，記錄百年掌中技藝薪傳沿由，包含早期搬演及傳授過程。
- 進行 7 場次的鄉土教育活動，結合學校教學，推廣並傳承布袋戲臺語特色發音及操偶技術。
- 舉辦 4 場次社區劇場藝術工作坊，融入在地特色文化與記憶，促進社區長者與年輕人互動。
- 巡迴障礙機構、養老院表演，也讓長輩有機會回味、分享昔日在廟前看布袋戲的記憶。
- https://zh-tw.facebook.com/pages/category/Artist/其雄木偶劇團-170739029701828/

#第三屆　#SDG4、SDG8

趨勢三：地方創生　#文化傳承　#台語推廣

對於其雄木偶劇團來說，進入校園，不僅僅是讓學生重新看見布袋戲，更重要的是能夠藉此接觸到教學現場第一線的教師們，因為他們才是學生最熟悉也最常互動的對象，獲得教師的認可，才能夠潛移默化地影響學生，更藉由口耳相傳擴大劇團的影響力，進而達到推廣的目的。

融入社區文化強化在地關係

在地關係的鏈結是其雄木偶劇團另一個發展重心，他們發現每一個社區其實都有屬於自己的在地記憶與文化，無論是人物、事件、地點，都有可能是當地人的共同記憶，因此團隊希望能夠藉由在創作中融入這些元素，以布袋戲劇目為社區保留獨特的專屬記憶，更可以藉此讓布袋戲重新回到人們的日常中。

除此之外，在社區中進行布袋戲的演出與教學，更是為了能夠建立孩子與家長之間的連結。如果只將目光鎖定校園，那麼能夠接觸到的只有孩童，而家長無法確切知道孩子都在學些什麼，難以安心。因此，這樣的做法使團隊能夠同時接觸到孩子與家長，讓雙方一起學習成長，培養共同的興趣與話題，也能增進親子關係。

團隊選擇進入社區還有一個理由：希望藉此讓社區中的長者得以回味童年記憶，甚至有機會一圓童年夢想。過去他們是戲臺下最熱情的觀眾，有些人可能也曾經渴望能夠讓戲偶在自己掌中騰雲駕霧、飛天遁地，但往往不得其

右上：布袋戲偶之偶頭及手腳的雕刻製作程序繁瑣，此為細胚。右下：戲偶的服飾、道具製作手藝也是劇團的教學推廣項目。左上：將社區在地元素融入表演劇目有助於讓布袋戲重新親近人們的日常。左下：其雄木偶劇團矢志讓布袋戲的輝煌與技藝不被時間長河淹沒。圖片來源｜其雄木偶劇團，FUN 大視野

門而入，如今團隊希望讓長者們不只是看戲，還能夠成為戲劇當中的一部分，親自操作戲偶，念出專屬於他們的在地文化故事。

留存匠人輝煌記憶與技藝

曾經，布袋戲的表演者是備受尊崇的「師傅」，許多人三顧茅廬就是為了能夠習得獨門技藝。但隨著布袋戲式微與時代變遷，這些記憶中的輝煌如過往雲煙般消散，身懷絕活的師傅們在無情的時光中漸漸老去，而操偶技藝的獨特技巧與口白中優美的聲調轉換，也因無人能夠傳承而逐漸湮滅。

親身經歷布袋戲的輝煌與沒落，朱其島認為這樣的情況實在太令人惋惜，布袋戲其實門派眾多各有千秋，但這些技藝卻在老匠人離世後，不復存在。雖然不少紀錄片都曾經留存過這些匠人的故事，但若無後人傳承，這些影像可能只是讓記憶以另一個方式被埋藏在角落。

因此，作為新一代傳承技藝的團隊，其雄木偶劇團希望能夠自身做起，為傳授自己技藝的師傅與師公留下他們過去的精采故事，從他們的言談建立一段完整的口述歷史，讓記憶能夠跟技藝一脈相承，讓這些輝煌能夠在時光長河淵遠流長。

> 「技藝不該只是記憶。」
>
> ——其雄木偶劇團

黃金圈分析

WHY
HOW
WHAT

- 希望透過多元的管道與不同的方式讓布袋戲被大眾看見與了解
- 希望為一代匠人保留記憶中的輝煌與獨特的技藝

- 走入校園，擴大能見度並傳承
- 融入社區文化，強化在地關係
- 進行文史紀錄

- 於校園和社區透過社團及工作坊進行教學
- 結合學校鄉土教育活動推廣布袋戲臺語特色發音及操偶技術
- 將社區文化與記憶融入表演劇目中
- 創作以臺灣近代人物、歷史為主題的新劇目貼近土地情感
- 舉辦文史紀錄工作坊記錄布袋戲藝師早期演出及傳授過程

趨勢三：地方創生 ｜ #文化傳承 #台語推廣

趨勢三：地方創生 專家點評

從地方的每一個小起點守護永續家園

文｜李應平，台灣好基金會執行長

地方創生是近年來的顯學，不同鄉鎮或社區所面臨的問題及困境，需要不同的解方去因應，再加上地方上的問題通常非常複雜，所以，一個小鎮所運用的解方也不只一種。

「改變世界大推手」除了發起的三位老師，團隊成員都是小學生，他們從承接當地古蹟「南郭郡守官舍」的兩棟建築活化營運開始，是國小師生共同參與文資活化的首例。小孩大推手，孩子們的熱情像漩渦般，召喚更多的老師和家長進入守護故鄉的行列，攪動社區也成為翻轉彰化的動能。

經濟發展的產業升級也是輾壓小型傳產的巨輪。無法升級的小型傳產要如何轉型？老舊工廠如何再利用？面對機器的技師要如何轉變，與「人」互動？隨著產業沒落的小鎮如何跟著轉型的小工廠再生？在針織工廠長大的陳思穎，看到的不是機器而是職人，不只式微還有機會，「Factory NextGen」的出現，正為臺灣到處都有的小型傳產工廠林立的社區，探索新的解方，開闢新的道路。

農村創生的路很漫長，「幸福食間」即使站在善導書院長期耕耘的基礎上，初期也經歷了困難的在地溝通過程，從非營利的根長出來的社會企業，「幸福食間」很清楚光靠社福無法翻轉農村，只有為農民的農業生產創造獨有的特色，才有產業與社區永續發展的可能。當無毒農業和土地保育成為共識，土地、孩子、弱農、家庭、書院、守護天使，終於串起了「幸福食間」的善循環。

藝術不是風花雪月！曾經是社區問題少年的成瑋盛、陳韋志、邱奕醇成立「逆風劇團」，選擇以戲劇陪伴高關懷青少年，讓他們透過戲劇探索自我、學習表達。青少年的問題具有高度地緣性，「逆風劇團」運用社區服務，為人生路上顛簸的青少們，重新建立與社會溝通的成功經驗。因為被需要，才是真心的接受與包容。

沒有觀眾就無法真正留下偶戲文化，「其雄木偶劇團」的朱其雄、朱其島兩兄弟，深知看戲是古早社會凝聚地方情感最重要的方式，偶戲必須和生活連結、與社區共榮，才有可能把根重新扎進土壤裡。因此，「其雄木偶劇團」的布袋戲，讓學習操偶的孩子和長輩不再只搬演舊劇本，而是關注自己社區的故事，把生活裡的人事物搬上舞臺，既能傳承技藝也寫下在地的文本，攪動社區。

文資活化、農業轉型、工廠重塑、戲劇教育、偶戲文化，每一個起點、每一種方法，都是臺灣地方創生的一片拼圖，為更好的臺灣創造永續的未來。

多元觀點助力在地永續

文｜顏博文，慈濟慈善事業基金會執行長

地方議題需要用同理的眼光與角度，才能貼近真實的樣貌與需求。一九九六年七月，賀伯颱風從宜蘭登陸，造成全臺近三十年來最大的水患。慈濟人在災後半個月內共動員上萬人次投入救災，這次的救災經驗，凸顯「最有效率的救災必定由就近開始」，慈濟在災後立刻推動「社區志工」理念，以「敦親睦鄰，守望相助」為目標，重新以社區為單位歸隊志工編組，讓大愛與鄰里密切環扣，助力社區的慈善力量更加迅捷。

青年公益團隊「改變世界大推手」由兩位老師與資優班學生共同組成，思考著如何活化彰化南郭郡守官舍，重新搭起社區和老屋的連結，成為守護在地文化的起點；「Factory NextGen」看見傳統產業的轉型需求，結合學校教育及社群行銷發展出各式活動，幫助職人完整的保留技能並且有機會交托予下一代；「幸福食間」從土地、孩子、弱農、家庭、書院等不同角度，為屏東高樹發展全新觀點，活絡當地；「逆風劇團」從創辦人自身出發，陪伴青少年看見自己的良善，創造生命的價值；「其雄木偶劇團」延續傳統表演技藝布袋戲，更拉近長輩與年輕世代的距離。他們所定義的「在地」不只是土地，更試圖觀照與開展土地上每個人的心地。

欣見地方創生，透過多元觀點產出全新解方，立基於鄉土關懷並展開行動，創造在地永續。

趨勢四：環境永續 #友善農業

⑯ 格外農品
為格外品創造新價值，與土地、農民、消費者共生共好

分別在餐飲業以及非營利組織工作多年的游子昂與林雅文，發現農民的產出在產地分級後有許多「規格以外的農產品」，採用友善、無毒農法的格外品更高達三〇％。這些格外品可能是過大過小、賣相不佳或者是供過於求，一樣品質無虞卻沒有被善加利用。看見農友辛苦的產出與收益不成正比，導致收益減少；而另一方面，由於進口原料便宜，加工業者不喜好使用在地農產品，餐飲業者則是難以找到符合使用需求的在地農產加工品。有鑑於此，兩人在二〇一五年創立了社會企業「格外農品」，透過加工的方式，讓這些格外品能夠再次展現價值，因為他們相信：「有好內涵，就有好出路！」

居中對接農友與餐飲業者

格外農品希望可以居中對接農友與餐飲業者，將農友的格外品加工成符合餐飲業者使用需求的產品，優化一級到三級產業的供應鏈，成為友善耕作農友的安心後盾。為了確保品質，他們除了嚴選有產銷履歷的農友合作外，也在國際餐飲集團的輔導下建置了自有前處理場，能更即時、更有效率的處理格外品並降低生產成本。

格外農品共同創辦人游子昂（右）與林雅文（左）願成為友善耕作農友的安心後盾。
圖片來源｜格外農品，FUN 大視野

團隊小檔案：格外農品

- 2015 年由游子昂與林雅文共同創立的社會企業。透過加工的方式，為產地品質無虞的「格外品」創造更高的附加價值，以支持友善耕作農民、提供消費者更好的選擇，並推廣食農教育，期望與土地、農民、消費者共生共好。

社會影響力：

- 與 7 位農友／合作社穩定合作，平均提升農友收益 20%。
- 平均每年處理 13 噸格外品，減少食物浪費。
- 與 10 間以上企業合作 CSR 專案、30 家餐飲業者原料合作。
- 分享 250 場以上食農講座，觸及超過 7,500 人次。
- 2020 年起外銷加拿大、日本、香港等地，提高臺灣優質農產加工品的國際能見度。
- https://www.goodwillfoods.com

#第一屆　#SDG8、SDG12、SDG13

從起步到現在，格外農品逐年擴充產品品項與服務，如各式果茶醬、水果氣泡麥汁、花草茶等，銷售對象則是從 B2C 到 B2B，從內銷拓展到外銷。二○二二年起更自營手搖飲料品牌與選物店，以多角化經營的方式開拓市場，在新冠疫情期間仍然能逆勢成長，屢創佳績。

右上、右下：格外農品嚴選有產銷履歷的農友合作以確保水果品質。左上：格外農品團隊相信產品「有好內涵，就有好出路」。左下：格外農品以多角化經營的方式開拓國內外市場。圖片來源｜格外農品，FUN 大視野

趨勢四：環境永續 #友善農業

問起在創業過程中，啟發他們最深遠的人是誰，游子昂與林雅文不約而同提及「生態綠」。像是格外農品的帳務規劃堅持只有一套帳，誠實納稅也讓投資人放心，商業策略上也從一開始就朝向「規模化」與「標準化」的方向前進。種種來自前輩的無私分享與指導，都讓他們的影響力可以更加擴大，路走得更遠更踏實。

開闢海外通路及異業合作

格外農品的下一步包含新商品開發，同時持續積極布建海外通路、企業 ESG 合作、社會企業產品共同推廣等。自二〇二〇年起，格外農品也與加拿大的國華超市、香港最大網購平臺 HKTVmall、日本的神農市場等合作，將臺灣優質農產加工品推向海外。團隊從外銷經驗發現，海外有許多潛力十足的市場，對於水果加工品有很大的需求。未來可以透過與國際貿易商合作，將水果加工品銷到更遠的地方去，並透過包裝與行銷，提升商品的附加價值，讓臺灣優質農產加工品能有更多機會揚名海外。

格外農品也期待產品能和企業實踐 ESG 合作，透過企業的力量一同創造共享價值，幫助農友。另一方面，身為社會企業，格外農品認同彼此互相幫助的重要性，因此非常歡迎理念相同的其他社會企業夥伴一同將商品整合銷售，或者是彼此互相採購支持，像是格外農品的手搖飲品店就採用一〇〇%可生物分解的小麥吸管，也採購許多社會企

業夥伴的優質產品上架在「格外選品」選物店，希望能助益群體共生共好。

> 「有好內涵，就有好出路！」
> ——格外農品

黃金圈分析

WHY
- 支持友善耕作農民，為「格外品」創造更高的附加價值
- 減少食物浪費，翻轉消費習慣

HOW
- 採購格外品
- 製造天然加工品
- 拓展海內外通路
- 推廣食農教育

WHAT
- 與農友／合作社穩定合作，採購產地品質無虞的格外品
- 開發符合餐飲業者及消費者使用需求的加工產品與服務
- 與企業合作CSR專案
- 產品外銷加拿大、香港、日本等海外市場
- 持續進行食農講座

趨勢四：環境永續　#循環經濟　#科技應用

⑰ 湛。AZURE
高科技湛鬥機清海廢，集眾之力找回潔淨海洋

談起「湛。AZURE」（以下稱湛）的創辦，要追溯到二〇一六年，共同創辦人陳思穎說當時只是為了看看有沒有什麼好玩的，便抱著「玩玩」的態度，以「無痕海洋」為名參加臺大創創挑戰賽。但隨著比賽過程推進，對海洋議題愈來愈熟悉，已經無法忽視海洋環境正在惡化的事實。於是比賽結束後，陳思穎與其中兩名成員曾鈺婷及陳亮吟決定要接續投入海洋議題，因此於二〇一七年成立了「湛」，希望結合海洋學與科技、機械等不同專業，為遭受塑膠汙染的水域，導入適切的解決方案。

「湛」是乾淨海水才有的顏色，AZURE 是湛藍色的英文，象徵著湛團隊期許為大海找回最初的潔淨湛藍，二〇一九年五月更正式立案為「社團法人臺灣湛藍海洋聯盟」，成為臺灣少數結合海洋科學及設備研發，致力於解決海洋垃圾汙染問題的組織。

研發「湛鬥機」清理港灣海廢

湛不做外海清廢及淨灘，因為外海環境惡劣，難以掌握風浪，且出勤成本及風險都極高，非小團隊可以承擔；淨灘則是已經有很多人投入，獲得的關注較多。選擇港灣

「湛。AZURE」共同創辦人陳思穎（左）與曾鈺婷（右）致力於解決海洋垃圾汙染問題。圖片來源｜湛，FUN 大視野

87　　趨勢四：環境永續　｜ #循環經濟　#科技應用

趨勢四：環境永續　#循環經濟　#科技應用

為清理目標點，跟陳思穎平常從事潛水有關，每次要從陸地跳到海裡時，會經過一些人造設施，發現這些人造設施最容易卡垃圾。「垃圾都進來了，擠在那邊，反正沒有人清，我們就做機器來清好了。把機器放在垃圾那邊，它就一直清、一直清，我們的初衷是這樣。」結果就從最初的玩具看，變成挽救海洋了。

二〇一七年，湛從概念發想到實踐，走到大海以港灣為起點，構思「阻止陸源垃圾流向大海」的創新解方，試圖運用科技，讓陸地垃圾在流入大海前被有效攔截並去除。團隊投入海漂垃圾收集器「湛鬥機」的研發，在垃圾海中實驗解方的可行性，經歷無數失敗，最終湛鬥機原型輸送帶測試終於讓團隊體驗收到寶特瓶的感動。

隔年，湛放大測試定置式湛鬥機以符合港口規模，並持續檢驗設備的可行性。二〇一九年，湛將定置式湛鬥機投放至基隆的八斗子漁港，這次實驗共運作一八〇小時，收了五二八公斤的海漂垃圾，累計收到二〇一三支寶特瓶、一六二三三個塑膠袋、一一八七個食品包裝等十八種類的垃圾。但定置式移除速率仍追不上垃圾產生的速度，且港面垃圾散布面積過大，定置式的湛鬥機仍太被動，經過軸轉，二〇二〇年湛投入移動式湛鬥機的研發，打造全電驅動、可遙控航行的清潔船，不再被動等待，轉為主動收集港面漂浮垃圾。

雙船體結構的「湛鬥機」可以透過中間的輸送帶將海漂垃圾帶離水面並移送至收集籃。圖片來源｜湛，FUN 大視野

湛團隊的核心成員各具海洋、機械、資訊及財務等不同領域專長。圖片來源｜湛，FUN大視野

團隊小檔案：湛。AZURE（社團法人臺灣湛藍海洋聯盟）

- 「湛。AZURE」團隊由陳思穎、曾鈺婷及陳亮吟於 2017 年共同成立，同年獲選 Keep Walking 夢想資助計畫，2019 年 5 月正式立案為「社團法人臺灣湛藍海洋聯盟」，為臺灣少數結合海洋科學及設備研發，致力於解決海洋垃圾與環境問題組織。
- 提出「以科技創造乾淨未來，智在潔淨海洋」願景，結合創新科技與社會設計，研發智慧清潔船「湛鬥機」清潔港灣海漂垃圾，並投入海洋環境教育，串聯產業、政府與民間組織共同尋找因地制宜的方式，推動環境永續，希望為大海找回最初的湛藍。

社會影響力：

- 2018 年，登上 APCE 及 TEDxTaipei 擔任講者，向更多人說明守護海洋生態的重要性。
- 2019 年，完備「湛鬥機」定置式機型 AF-01，在八斗子漁港垃圾熱點進行垃圾移除試驗，並以實驗數據分析參賽獲得 Hack the Challenge 亞洲區首獎。
- 2020 年，開始研發遙控型 AF-02，獲得國家海洋研究院智慧海洋黑客松第 1 名，同年 10 月發起群眾募資籌措實驗、運輸及環境測試費用，獲得 5358 位湛友支持。
- 2021 年，AF-02進行深水水域及淺水水域環境測試，完成設備及規格驗證。同年獲選「關鍵評論網—未來大人物」，並於 11 月啟動造新船計畫。
- 2022 年，於 1 月、7 月分別於桃園市竹圍漁港、新北市鼻頭漁港執行示範港。
- https://azurealliance.org

#第二屆　#SDG6、SDG14

趨勢四：環境永續　｜#循環經濟　#科技應用

趨勢四：環境永續　#循環經濟　#科技應用

群眾募資開啟外部支持大門

二〇二〇年年底，研發資金再度面臨短缺，於是湛發起「為湛而戰—海洋垃圾移除計畫」群眾募資，希望能完備研發到一半的遙控版湛鬥機，並籌措後續測試經費，以製作出更符合水域環境的清潔船。募資計畫大獲成功，募得五千三百五十八位湛友的行動受到更多關注，陸續吸引企業主動支持。背負著眾人的期待，陳思穎與曾鈺婷毅然決然辭去原本在學校安穩的工作，全職投入機具研發與整合性環境解決方案的規劃。

從二〇一七年夢想起步的小團隊，到二〇二二年已擁有八名核心成員，其中全職者四人，專長包含海洋、機械、資訊及財務等，也開始兌現對群眾募資的承諾，正式在桃園市竹圍漁港及新北市鼻頭漁港開啟了示範港計畫。

節能減碳的智慧清潔船

湛認為臺灣港灣在「港面環境」與「岸上環境」皆面臨了嚴峻的挑戰，而團隊希望能運用節能減碳的設計，以智慧、安全方式清理港灣中的海漂垃圾，有效保護海洋環境及生態免於垃圾危害，為環境尋找解方。移動式湛鬥機即是一台為港區而生，能穿梭清潔自如，兼顧經濟與便利的自動化清掃機具，解決過去「成本貴、效率低、風險高」的傳統作業模式痛點，提升了海洋垃圾的移除效率。智慧清潔船「湛鬥機」的原理，是在雙船體結構的中

左、右：「以科技創造乾淨未來，智在潔淨海洋」是湛團隊的願景。圖片來源｜湛，FUN 大視野

90

間，置放一條輸送帶，航行時會將輸送帶沒入水深〇到一公尺的地方，透過輸送帶的轉動，將漂浮性海洋垃圾帶離水面，並移送到位於輸送帶後方的垃圾收集籃。這樣的方式與全人工打撈垃圾相比，節省了大量時間與成本，同時也降低在海上作業的安全風險。

在機器設計階段，湛也將碳排放納入思考，利用對環境更友善的方式，製成能回充電力的「湛鬥機」，還在輸送帶上安裝擋板，避免風將垃圾從輸送帶上吹落，也確保每一個海漂垃圾都可以穩穩送入垃圾籃中。

創新科技結合社會設計

為了達到「以科技創造乾淨未來，智在潔淨海洋」的願景，透過湛鬥機清潔海洋只是起點。「智在潔淨海洋」的概念，除了機器的研發，更是希望藉由社會設計，集結眾人的智慧，一同找到因地制宜的方式，把環境帶到更好的未來。湛的下一步除了移除海洋垃圾，利用收集而來的垃圾建立數據庫，推廣溯源機制及源頭減量，更將與業者合作，利用海上撿回來的寶特瓶，賦予廢棄物新生命，創造新的價值。

「結合創新科技與社會設計」是湛的主軸，希望以技術為核心，透過設計思考傳達理念。在研發機器的同時，湛也致力於推動循環經濟及執行環境教育，前者有助於減少對原生源的依賴，降低地球的負擔；而環境教育導入，則能增加民眾對環境的保護意識，推進社區合作，賦能在地

社區，共創永續運營。

藉由設備研發、綠色採購、政策推動、地方創生及企業CSR參與，湛相信當他們能夠獲取價值，進而繼續投入資源，達到更永續的生產循環，將能回饋社會更多。

> 「我想要乾淨的大海，所以我努力把世界，變成我們想要的樣子！」
> ——湛。AZURE

黃金圈分析
WHY
HOW
WHAT

● 以科技創造乾淨未來，以智慧的方式潔淨海洋

● 結合創新科技與社會設計
● 海洋垃圾有效移除並從源頭減量

● 研發兼具遙控與自動駕駛之全電式湛鬥機清潔港灣海漂垃圾
● 投入環境教育，提升民眾守護海洋意識
● 串聯產業、政府與民間組織共同推動環境永續

趨勢四：環境永續 #友善農業 #地方創生 #產業轉型

⑱ 大地好朋友
串接人與資源，為家鄉開墾友善農業的創新多元

在苗栗，有一群以共好、共榮、共存的理念互相支持的農村青年，常常彼此討論農業技術的精進，也一起追逐永續農業的夢想藍圖，而幕後推手則是農二代黃文詣。最初是因為家中果園需要人手，於是二〇一六年與哥哥黃文業一同返鄉從農。哥哥負責農事上的管理，黃文詣則主要負責行銷，為自家水果引入品牌概念，創立「橘二代」，透過獨特的木盒包裝設計和行銷策略，提升產品整體價值，帶動銷量成長。

返鄉後的黃文詣不只關心自家果園的發展，更希望讓自己的家鄉能夠走出不一樣的未來，因此，二〇一六年他與許多理念相通的夥伴一同創立「返青富民」、「大地好朋友」兩個社群，為家鄉尋找新的發展。黃文詣分享道：「透過連結區域內夥伴，我們讓農村以一個全新的形態出現，也整合了各個夥伴的專長，帶動大窩流域內的觀光發展，也讓流域內夥伴更緊緊地彼此牽引在一起。」

「返青富民」意指「返鄉青年，富足人民」，透過返鄉青年創業的力量，藉由夥伴間不同的專長，結合在地特色，設計創新的體驗活動，讓人們不再只因草莓走進大湖，而「大地好朋友」社群則是希望創造青農之間交流與互助

黃文詣是大地好朋友的幕後主要推手。圖片來源｜大地好朋友，FUN 大視野

92

停用除草劑與環境共生

黃文詣認為，友善環境需要從人與環境共生開始，因此，「大地好朋友」的第一步是提倡「無除草劑農法」。新聞報導會指出，除草劑會使人類的生殖能力降低，患癌症的風險增加，也會破壞人類的神經系統等等。蜂農每年都需要去搜尋不使用除草劑的農業區域來讓蜜蜂採蜜，但有許多農民都在田地的路邊噴灑除草劑，只要雜草上的花粉、花蜜被蜜蜂採集，就導致蜂群的大量死亡。

但是，要農民改變農法會對產量造成衝擊，且在技術上也有門檻，因此「大地好朋友」與一群理念相符的農友，先帶頭在約五百公頃的土地上採行無除草劑的栽培，希望藉此影響周邊的農友。「無除草劑農法」其實在黃文詣家中早就行之有年，雖然不使用除草劑，需要花上數倍的時間與人力進行除草，但是相較其他有機農法來說更容易嘗試，影響也較小。

穩定農友收入來源才能改變

除了進行農法上的提倡與建立後續的媒合管道以外，黃文詣認為要讓農友們安心轉變做法的根本之道，是為他們

「橘二代」品牌成功帶動了黃文詣自家果園的柑橘銷量。圖片來源｜大地好朋友，FUN 大視野

趨勢四：環境永續 ｜ #友善農業 #地方創生 #產業轉型

趨勢四：環境永續　#友善農業　#地方創生　#產業轉型

尋求更加穩定的收入來源。他致力於開發農產加工品，認為這是相對於直接販售農產更加穩定的發展方向，同時也能夠增加農產的價值。而這也符合「大地好朋友」夥伴們想要做的另一件事：透過統一收購無除草劑種植而成的蔬果，進行加工增值，讓農友在專心於農事的同時也能夠有穩定的收入來源，不須擔憂後續的銷售以及價格上的浮動，才能真正吸引更多農友願意投入其中。而「大地好朋友」也能夠在過程中不斷累積能量，為農友找到更多發展機會，同時為地方的土地重新找回生機。

從最核心的農民收入議題，再切進如何有效利用蔬果格外品製作加工產品，大地好朋友團隊集結相同理念的農場夥伴用不同的形式一步步增加收入，並且結合大窩地區流域的系列活動，在養成的良好環境中找到另一種農村的出路，朝著永續農村的理想前進。

引入外部活力助農村永續經營

「返青富民聯盟」則是串接、整合城市與鄉村資源，從地方休閒農業切入，設計大窩流域的遊程，結合當地的森林莊園、手作活動、戶外餐桌活動等，讓遊客可以用不同方式體驗在地風土人情之美。例如：用山林中的枯老木教學，並且現場製作成餐桌上所使用的食器，或者在小旅行的過程中找尋可食用的植物，採摘下來自己烹調成一道野菜料理。

黃文詣分享「返青富民聯盟」也為在地老前輩打開了新世界的大門。他們曾協助一間苗栗三灣的水梨休閒農場籌辦活動，當時夥伴們設計出以水梨為原料的山村珍饈，讓大家在果樹下共享美食。這樣的活動對於時年七十五歲的農場主人來說，是前所未有的型態，他從未想過自己的農場可以透過這樣的方式被大家看見，是極大的突破，也從中獲得成就感。黃文詣笑說，後來許多場合遇到這位農場主人，他總是與眾人津津樂道那次活動，並為此感到相當驕傲。

創造青農之間的交流與互助

問起一路走來，難道都沒有遇到什麼挑戰跟困境嗎？黃文詣表示，自己做得還好，但是一旦開始想要幫助別人，就發現資源真的很不足。他所投入的事情多是為了家鄉發展，往往付出與收入不成正比。為了能夠在資源不足的情況下，仍然做到想要做的每一件事，就需要付出更多的精力，因此他跑遍了大大小小的商業活動，並且藉由自己的人脈關係尋求資源，也很幸運地一直都有貴人相助，而在逐漸被看見後，有更多人願意在旁輔助與支持，對於這些幫助，他心中充滿感激。

不過，之所以能有目前的成果，或許黃文詣的初衷與理念，才是為家鄉帶來變化的關鍵種子。自返鄉後他從不曾停下腳步，關懷的不僅僅是自家果園的發展，同時也積

94

團隊小檔案：大地好朋友

- 為 2016 年由黃文詣與一群志同道合夥伴於苗栗成立的青農社群，以共好、共榮、共存的理念互相支持，希望為農友找到更多發展機會，同時為家鄉的土地重新找回生機。
- 透過整合區域內夥伴的專長，為友善環境與創新農業加值，帶動大窩流域內的觀光發展，擘劃永續農村藍圖。

社會影響力：
- 凝聚居民共識，在擁有百萬螢火蟲的大窩流域，持續保育 2 條小溪支流。
- 聯動 6 位在地青年、2 位外部協力青年、1 家在地民宿業者，在 3 座農場中打造 3 萬坪環境友善的森林。
- 有 300 人次體驗大窩的生態導覽行程。
- 創造了一條迴圈式的文化生態遊程，串聯了 550 公頃的大窩生態園區，並促成公部門開始重視修建園區的森林步道。
- 返青富民聯盟 https://zh-tw.facebook.com/dahu3go/

#第三屆　#SDG8、SDG12、SDG15

黃金圈分析

- 傳承、延續家鄉農產品的生命，共享品牌經驗

- 為無除草劑農法種植的蔬果增值，穩定農友收入來源
- 串接整合城市與鄉村資源，發展地方友善農遊

- 心農業：收購無除草劑栽培管理所生產的農作格外品製成加工產品銷售，並搭配在地活動呈現於餐桌上
- 心旅行：設計可直接參與操作的農村體驗活動，打造迴圈式的文化生態遊程，串聯大窩生態園區

極與周邊夥伴互動交流，從中發現共同遭遇的困境，並主動為此尋求資源與解方。他表示「自己過得好，也想要影響周邊的夥伴都要過得好」，因此才會投身其中，接連找到志同道合的夥伴，一同成立了「返青富民聯盟」與「大地好朋友」，從不同的面向為家鄉盡一份心力，也讓家鄉維持環境保護與生產發展的平衡，不被世代所淘汰。

「農村是遊子的避風港。深耕於在地的青年朋友們，依舊守護著這片土地與環境。期許有更多的夥伴共同守護臺灣的農村。」
——大地好朋友

趨勢四：環境永續　#友善農業　#地方創生　#產業轉型

趨勢四：環境永續

#友善農業　#科技農業　#地方創生　#食物設計

⑲ 元沛農坊
創新農業整合服務，用科技幫助人與環境共益

元沛農坊是以科學方法解決農食永續問題的社會企業，秉持 5R 原則：Redesign（再設計）、Recovery（環境恢復）、Reduce（減少製造）、Recycle（循環）、Resilience（環境韌性），透過科學的方法、食物設計以及環保倡議，提供農業整合服務，解決人與環境的衝突，打造循環經濟生態圈。在創辦人許又仁帶領下，團隊主要著力於三大工作面向：推廣健康美味與環境永續兼具的綠色生活好物，讓消費者透過購買支持友善生產者；擔任科技農業顧問，以科技解方達成永續農業願景；廢棄物循環處理，使其轉化為有價產值。

元沛農坊一路走來並非單打獨鬥，他們信仰社會共益累積而成的能量，因為對於環境永續、食品安全、科技創新等議題的追求，讓他們得以成功鏈結多元領域的夥伴，建構全新的產業鏈，幫助達成彼此間希望成就的價值所在。這樣的合作在農業發展上相當重要。農業的生產戰線很長，不可能獨力支撐起整個產業，需要上下游之間的關係都被完整的串聯後，才會產生能夠被驅動的模式。因此要追求創新，就不能只解決單一環節的問題，而是要從栽種資材、加工流程、包裝設計等，建立各個環節的利害關

元沛農坊創辦人許又仁（右）及共同創辦人林儀嘉（左）將科技運用到農業整合服務上。圖片來源｜元沛農坊，FUN 大視野

96

黑熊彩繪田是選擇不同顏色的稻種種植而成。圖片來源｜元沛農坊，FUN 大視野

種出人與環境共益的黑熊田

長期耕耘於永續農業的元沛農坊，在臺灣不少地方都留下足跡，每進入一塊新的土地就如同一項全新實驗的展開，因每個地方的需求不盡相同，無法套入同一公式，也無法期待投入就能獲得特定的收穫。因此團隊一步一步漸進式地注入能量，透過不同元素的帶入，在取得收穫的同時，也能達成與環境的共善解方，使地方的發展能夠重獲新生。聯手動物保育倡議的「黑熊田」便是其中一例。

二〇一九年，元沛農坊應臺灣黑熊保育協會的邀請，踏入

係人彼此的連結，才能共同創造最大規模的能量，促進創新與發展。而元沛農坊提供的整合服務不僅考量系統化的垂直整合，更觸及跨領域的橫向整合。

黑熊田為玉里創造媒體聲量與觀光效益。圖片來源｜元沛農坊，FUN 大視野

97 ──── 趨勢四：環境永續 ｜ #友善農業 #科技農業 #地方創生 #食物設計

趨勢四：環境永續　#友善農業　#科技農業　#地方創生　#食物設計

花蓮的玉里，藉由科技的應用，由在地農民以不同顏色的稻種在玉里的稻田「種出一隻黑熊」，令人驚豔的空拍美景創造了媒體聲量與觀光效益，短短一年的時間，就吸引約二萬五萬名遊客造訪玉里這個人口數僅二‧五萬的小鎮，並且利用黑熊收成的稻作，生產一系列結合生態概念的農產加工品，如黑熊釀淡口醬油、醬油米香等，讓當地政府與居民看見，維護自然環境與生態可以成為地方發展的契機。

加值無毒稻米發展生態系

元沛農坊在玉里建立了獨特的稻米發展生態系。首先，讓科技進入農田，找出既對環境友善也不失效率的方式進行栽種，除了運用團隊自行培養出的光合菌等微生物技術，讓作物能夠獲得充足的養分外，也在當地建立IoT（物聯網）氣象站，精準掌握天候狀況，更與中興大學團隊合作，引進無人機技術進行作物生長情形的觀測，幫助田間管理更加省力卻精準。

除了維護栽種品質外，元沛農坊也思考到作物熟成後續的各個階段，從採收、加工到銷售的每一步，都找到與自身具有共通價值的夥伴進行合作，開發米燒酒、醬油等產品，讓這些經由層層把關而生產的稻米，都能夠找到合適的通路與用途。

經過一年的努力，元沛農坊讓許多人看見了玉里發展的可能性，更有癌症術後餐的業者尋求合作。團隊希望未來能夠擴大在當地的影響力，讓原本實行慣用農法的土地，

能夠逐漸轉向無毒農法的栽種，為社會提供更多乾淨、無毒的高品質稻米，也讓土地可以獲得喘息的空間。

聚集多元能量靠深度鏈結

許又仁相當重視多元領域的鏈結，但要如何與來自四面八方，擁有不同背景與價值信念的夥伴順利地達成共識，並且避免衝突的發生，更是一門深奧的學問。他認為建立鏈結的重點在於根據利害關係人的需求，提供最適切的模組進行協作，同時在合作過程中分享且逐漸結合彼此追求的價值核心。

過去的生產模式，可能是上游完成至某個階段，再由下游接手。但所謂鏈結，不應該單純只是生產鏈上的兩個環節，由中間人幫忙打一通電話就結束了，而是需要花費時間深入關懷，夥伴間共同討論，跟進研發與生產的每一步，才能真正建立緊密的連結關係。

元沛農坊期許能專注在科技農業的整合型服務，致力提供客戶最好、最優質、以科技與永續系統所生產能代表臺灣在地風土的產品。盼未來更能將這份技術和能力複製到全世界，幫助不同國家的客戶，以科技為主體，打造具自有特色的在地風土農產，幫助全球在農食領域更加提升，同時落實SDGs第十二項「責任消費與生產」以及其他生態保護倡議的目標，從臺灣出發，為全球永續盡一份心力。

「鄉間永續需要科技解方，食味美感從科學開始。」
　　　　　　　　　　　　　　　　　　——元沛農坊

98

黃金圈分析

WHY
HOW
WHAT

- 以科學方法解決農食領域的永續問題

- 引入智慧農業技術，促進永續農業發展
- 建立循環經濟模型，從源頭解決農牧廢棄物問題
- 運用食物設計思考，合作開發並推廣友善農產加工品，讓消費者透過購買認識永續農業價值
- 串聯社會各領域能量，為永續發展創造更多可能性

- 以IoT科技、無人機等技術協助農場、畜牧場智慧化管理，並針對個案進行客製設計
- 永續農耕場域結合地方創生，協助利害關係人建構緊密連結的生態系
- 將協助案例的永續農產品開發製作成在地風土特色食品

葉色板可用於判斷水稻營養狀況，從遠端即時協助農夫進行田間管理。圖片來源｜元沛農坊，FUN大視野

團隊小檔案：元沛農坊

- 2016 年由許又仁創辦，為第一個以科學方法解決農食永續問題的社會企業。透過科學的方法、食物設計以及環境倡議，解決人與環境的衝突，除了讓友善農法可以更有效率與策略，解決農業汙染以及栽種的問題，並透過食物設計服務，從食物的風土價值出發，設計自有或聯名商品在市場推廣，讓消費者透過購買支持對待環境友善的生產者。
- 期許藉由科技創新、永續發展等共通理念的串聯，聚集社會各領域的能量，形成緊密連結的生態系，同時為地方創造更多的可能性。

社會影響力：
- 永續農耕耕作面積：20 甲（於花蓮、屏東、臺中、新竹 4 縣市）。
- 養豬廢水智慧化管理：1場。
- 地方創生結合永續農耕場域：黑熊彩繪田、熊掌田。
- 永續農業結合臺灣風土特色產品：5 項。
- 合作公益團體：7 單位。
- https://www.agriforward.tw/

#第三屆　#SDG8、SDG15

趨勢四：環境永續　｜　#友善農業　#科技農業　#地方創生　#食物設計

趨勢四：環境永續　#災損辨識　#科技農業

⑳ AIPal你的農業好夥伴
無人機與AI勘災農田，災損評估農民不再苦等

廣袤的水稻田是臺灣鄉間最令人熟悉的風貌，田園風光背後隱藏著農人辛勤的汗水，然而一旦無可避免的自然災害降臨，數月間的心血可能一夕化為烏有。農民面對災後的大量農損，唯一的盼望是申請政府的補助度過難關，只是災後申請案件眾多，又必須等候人員實地勘查判定受災面積，苦苦等待讓受災農民倍受煎熬，更別說僅憑肉眼判定補助面積所帶來的爭議，會讓多少期望落空了。針對這樣的困局，AIPal希望透過科技的運用找到解方。這個由中興大學土木工程系楊明德教授指導的研究團隊，透過整合無人機（UAV）監測和人工智慧（AI）分析技術，協助政府評估災害損失分析，要為農民找出更有效率、更小爭議的方式來處理災損的補助問題。

透過災損影像分析提升勘災效率

現行傳統勘災流程多為農民通報，等待地方政府勘查人員於現地勘查。人工勘查所延伸的問題，不僅是因肉眼判斷而造成的效率差或結果較主觀，等候勘災期間約三十天農友也無法復耕，無形中造成第二次傷害；此外，人工勘查耗費巨額公帑，年均動員勘災預算達二‧一八億。

AIPal 你的農業好夥伴隊長許鈺群不願將自己與技術困在學術象牙塔中。圖片來源｜AIPal 你的農業好夥伴，FUN 大視野

100

而 AIPal 團隊可以利用無人機在空中大面積拍攝受災的水稻田，再透過 AI 進行自動化影像分析，判斷每一塊農田中受損的程度與面積，藉以減少人力勘災所花費的時間與勞力成本，並且能夠有一致的標準，進而減少判斷上的爭議。例如，若以一鄉鎮三千至五千公頃的水稻倒伏面積估算，傳統的人工勘災時程可能需花費至少一個月，而 AIPal 團隊可以縮短到二至三天就完成勘損[1]。

研究室最初發展災損影像分析的目的便是為了能夠提升勘災效率，在過去與多個地方政府的合作經驗當中，已經確保了以無人機拍攝影像進行災損分析的可行性。但礙於團隊的人力與時間，若要在災害發生過後立刻完成各個受災地的影像資料收集，根本是不可能的任務，因此，勢必需要找出能夠即時獲得充分影像的方式，而 AIPal 為此所踏出的下一步，就是建置「災損辨識雲端平臺」。

建置雲端平臺完備全國災損資訊

在二○二○年底，完成災損辨識雲端平臺建置後，AIPal 團隊號召全國各地熱心的無人機「飛手」一同加入，於災害發生後，讓自己的無人機在當地起飛，即時拍攝災後田間影像上傳至平臺。結合眾人的力量來蒐集充分的資訊，讓系統能夠達成在災後馬上進行判定，並且在短時間內將

1：余君濤。《無人機升空 ─ 一個天與地的交響曲 ─ UAV 與 AI 共譜智慧農業的奏鳴曲》。GRB 政府研究資訊系統。二○二○年四月二十一日，https://www.grb.gov.tw/search/report/13429616。

團隊小檔案：AIPal你的農業好夥伴

- AIPal 是一個從中興大學學校研究室走到實際現場的團隊，在土木工程系楊明德教授指導下，用 AI 科技與無人機結合農業應用為主要研究領域之一，包含協助評估災害損失分析、農作物生長狀態與採收評估等，希望為臺灣的農業發展帶來更多可能性。
- 由當時的研究生許鈺群、曾信鴻、曾偉誠組成的「AIPal 你的農業好夥伴」團隊，透過無人機以及 AI 技術，幫助提升農業災損勘災效率，以期縮短農民等候補助的時程，同時建置災損辨識雲端平臺，號召全國無人機飛手協助各地災後即時田間影像收集，讓災損評估機制更完整。

社會影響力：

- AIPal 已與 2 縣市政府合作，委託 7000 甲農地災損分析，提供農業保險精準評估指標。
- 與農企業、契作主及農民合作，協助發展智慧農業栽培。
- 災損辨識雲端平臺截至 2021 年 8 月累計超過 100 組上傳影像，與橫跨 5 縣市計數十位專業飛手合作。
- https://www.aipaltech.com

#第三屆　#SDG2、SDG12、SDG13

趨勢四：環境永續　#災損辨識　#科技農業

災損的狀況以圖像化方式呈現的目的。

AIPal 團隊認為，平臺建置等同於建立一套完整的災損評估機制，能夠提供政府充分的資訊，加快後續進行災害的補助與重建作業，避免過往耗時費力的人力勘察流程。除此之外，平臺的建立同時能夠保留災損狀況數據，未來能夠藉由數年逐漸累積而成的資訊進行分析，了解各地長期以來的受災狀況以及程度，藉以輔助政府進行農業災損的相關決策，包含提供建議適合種植的苗株數量、提醒重災區提早做好防護措施等。

助攻農業智慧化發展

團隊目前重心雖然放在災損評估與分析，但僅專注在無法控制的天然災害上不免有些被動，因此希望能為目前的技術拓展更多應用的可能性。事實上，透過長期的影像收集，能夠做到的不單單只有災損狀況的辨識，還能夠觀察、分析農作物生長過程每一個階段的不同狀態。AIPal 團隊希望未來能夠進一步發展為一套新的系統，藉由影像分析建議目前作物需求，以及判斷最合適的收割時間等。讓農業的發展能夠科技化、智慧化，提供未來從事農業的人們即時調整自己的耕種模式與策略，也能相對因應從農人口老化、農業勞動力不足、務農經驗與技術有斷層之虞等現實問題。

AIPal 團隊不願將研究與技術困在學術的象牙塔中，更期待帶著灌注滿滿心血的 AI 辨識技術，搭配著徜徉在稻田

AIPal建置的「災損辨識雲端平臺」能提升勘災分析效率

政府　保險業者　契作主

aws 支援雲端運算　→　AIPal Cloud　←　雲端技術更新　NVIDIA　AIPal 研發團隊

無人機飛手　無人機社群　無人機公司

102

黃金圈分析

WHY
HOW
WHAT

- 用科技協助農業

- 結合無人機與AI技術進行農作物災害損失分析、農作物生長狀態與採收評估

- 與地方政府合作，執行農地災損分析，提供農業保險精準評估指標
- 建置災損辨識雲端平臺，累積全國災損數據作為分析與決策參考
- 與全國各地無人機「飛手」合作，完善災損資訊的收集
- 與農企業、契作主、農民合作，以智慧科技輔助農業栽培

> 「技術的發展很有趣，技術能夠落實是更好的事情。」
> ——AIPal 你的農業好夥伴

之上的無人機，增進農損勘災補助效率，撫平受災農民心中因等待而萌生的忐忑不安。AIPal 將持續與更多在地專業飛手簽約，讓雲端平臺媒合機制，更完善的建立勘災防災新型態，同時也將導入水稻以外更多農作物的災損分析，透過智慧農業分析服務，讓農業經驗數據化，降低從農入門門檻。

面向未來，團隊希望能走向組織化，落地成立農業資訊服務新創公司，凝聚更多人才加入，持續為臺灣農業導入新技術，實踐精準農業，降低農業損害，減少農耕碳足跡，真正成為農業的好夥伴，讓你我都能夠享受在智慧農業下產出的高品質作物。

AIPal 你的農業好夥伴團隊導入科技力量協助臺灣智慧農業的發展。圖片來源｜AIPal 你的農業好夥伴，FUN 大視野

趨勢四：環境永續　#災損辨識　#科技農業

趨勢四：環境永續 專家點評

融合科技實踐人與環境共好

文｜黃國峯・政治大學EMBA執行長

近年來因人類在經濟發展上過度開發，造成地球環境產生極端變化，越來越多已開發國家開始重視地球環境之永續發展，臺灣環境永續發展意識亦逐年提升。在 Fun 大視野的新創團隊，都有一個共同的特性──年輕有勇氣追求環境永續發展，不論是對食品與農業生態重視的格外農品、大地好朋友、元沛農坊、AIPal你的農業好夥伴，或是對海洋生態維護的湛。AZURE，都是一群下一個世代年輕人在奮鬥的故事，臺灣的未來真的是充滿希望。

這些新創團隊有幾個共同的特色：

一、從倡議走向實踐。 早期在談環境永續，大多是以倡議為主，故沒有生存的商業模式，往往過一陣子以後，創辦人因生存困難而熱情遞減，團隊無疾而終。但本計畫的團隊不再僅是倡議而已，更在實踐道路上大力邁進，因有實踐，所以可以修正而生存。

二、融合科技。 因科技的介入，讓永續一事有數據、有指標，不再是形而上。且有科技的融入，讓效率更加提升，影響力更大。

三、利害關係人之整合。 不論是生態系，或是地方共生，環境永續是要兼顧到每一個利害關係人才會成功，影響力才會擴大，很高興的是這些團隊都做到了整合利害關係人的需求，讓環境永續得以實現。

唯有一點提醒團隊，當欲強調地方特殊性時，是否也代表商業模式全球共通性的可能性降低？故尋找出能在臺灣行得通、全球也行得通的商業模式，才是讓這些以環境永續為己任的新創團隊得以永續發展之關鍵成功因素。

104

共好的實踐

文｜顏博文，慈濟慈善事業基金會執行長

慈濟力行環保與永續，並關注氣候變遷的環境議題，以聯合國環境署觀察員身分多次參與聯合國氣候變遷大會，期待傳達愛護環境的精神理念及提出人人可行的改善環境之道。慈濟的公益合作夥伴大愛感恩科技公司，為國內第一家環保公益企業，秉持與地球共生息的理念，致力開發以寶特瓶回收再利用的各類環保科技產品，善盡企業社會責任。

環境永續需要投入實際行動並秉持共好精神。青年團隊們透過不同端點的解方實踐永續，就如「格外農品」、「大地好朋友」透過友善農業理念，讓土地、農民、消費者共生，實踐共好及永續生產與消費。「湛」、「元沛農坊」、「AIPal」以創新技術，運用於海洋、科技農業農耕，以及農田勘災災損評估。

科技不斷創新的同時，更要持續思考如何改善環境並致力於社會永續，雖然不容易，但秉持著難行能行的精神，期待共善的環境與世界。

趨勢五：循環經濟　#責任消費　#資源循環

㉑ Ubag
二手袋循環資訊平臺，牽起店家和消費者減塑減廢

「Ubag 二手袋循環計畫」是一群年輕人在二〇一三年九月發起的行動，希望能回收二手袋物盡其用，幫助減少袋子一次性使用的資源浪費，以及塑膠袋不當廢棄為環境造成的負荷。

受到微笑單車 UBike 能夠甲地租、乙地還的概念啟發，計畫團隊於二〇一九年建置了 Ubag 資訊平臺，串連起民眾與店家，讓袋子從不需要的甲方（民眾）手中，過渡到有需要的乙方（店家）手中。透過平臺，民眾可以將家中閒置的袋子收集起來，捐贈至 Ubag 合作的店家，當下一個消費者來店消費時，就能使用從各地來的二手袋，減少一次性袋子產生並循環利用，與店家夥伴、民眾朋友們，一同減少環境垃圾。

資訊平臺助循環流程更順暢

自二〇一三年起計畫推行至今，Ubag 團隊其實歷經了三次以上的循環機制調整，從一開始團隊成員自行清洗、整理、配送袋子，到實驗租用二手袋的模式，調整到現在 Ubag 為資訊推廣平臺的模式，提供民眾哪裡能夠捐贈袋子的資訊，讓袋子能夠直接進到需要的店家手中，服務流程

右：民眾閒置的紙袋、包材若能循環使用將可減少環境垃圾。左：Ubag 的合作店家提供二手袋供消費者使用。圖片來源｜Ubag，FUN 大視野

106

更加順暢簡潔。

目前在Ubag，網站平臺上可循環使用的項目不只是塑膠袋，還有紙袋、環保袋、紙箱及緩衝材。店家可透過平臺申請加入Ubag合作店家，將聯絡資料及徵袋需求登錄在平臺，包含材質、尺寸及數量等。民眾在看到店家資訊與袋子需求後，由民眾直接捐袋至合作店家，並由店家自行篩選整理、放置並循環使用，以減少資源的浪費，達到環境保護的作用。

除了網站之外，團隊也透過社群平臺協助店家宣傳，讓粉絲們能夠更認識徵袋店家，了解店家的故事、徵袋理念，進而能夠對友善環境的店家產生認同，更願意參與循環機制，也希望能夠鼓勵更多店家加入，讓合作店家越來越多。

往組織化發展讓行動更永續

自創辦以來，Ubag夥伴們都是下班、下課之餘，以志工的方式投入，堅持讓計畫繼續下去，同時也不斷尋找方向、調整模式。為了讓這個行動更能永續經營，Ubag團隊於二〇二一年九月成立了「台灣二手循環推廣協會」，希望透過組織化，能裨益資源、人力及經費的持續引進，以維持甚至優化循環機制的運作。

協會目前仍然在向各個主管機關申請各種許可、證明，包含法人登記及公益勸募等，以及建立協會運作的規則。由於團隊夥伴都沒有協會營運的經驗，加上都是利用個人下班、休假的時間來推展工作，所以相對需要花更長時間

Ubag資訊平臺及網路社群建立起二手袋循環利用機制

107　趨勢五：循環經濟　#責任消費　#資源循環

趨勢五：循環經濟　#責任消費　#資源循環

團隊成員都是利用下班、下課的時間以志工方式推展 Ubag 各項工作。圖片來源｜Ubag，FUN 大視野

來吸收資料與摸索。Ubag 希望未來能夠找到足夠的經費，至少能有一個全職的人力維持計畫及協會的運作，以提升整體行動的效率，並且做更多的推廣倡議。

資訊平臺一直以來都是免費提供給所有人使用，包含消費者或是捐袋店家，Ubag 也希望未來透過協會的運作，能充實經費、人力、資源等條件，除了讓網站能夠持續為大眾提供服務，並且能再優化網站，使其在操作上更貼近大眾的使用習慣，降低參與循環的門檻，同時再增加其他能夠循環的項目，讓更多資源能夠被循環利用。尤其是網購的緩衝材，雖然目前網站已經列有這個類別，但理想上希望再細分成水果網套、泡泡紙、泡棉……等項目，讓推廣宣傳時更為聚焦，進而減少因網購流行而造成的包裝垃圾問題。

成立協會只是另一個起步，未來，Ubag 仍將持續優化並推廣二手資源（不限於袋子類）循環利用，讓友善環境的行動可以更永續、更突破、有更多可能！

「Your bag, my bag!」

——Ubag

108

團隊小檔案：Ubag

- 為 2013 年由一群年輕人啟動的二手袋循環計畫，現已發展為一個串聯民眾與店家的資訊平臺，以傳遞「倡導使用二手袋理念，提供全臺二手袋循環店家資訊」為核心服務。
- 透過平臺，民眾可以將閒置的袋子和包材提供給已登錄有需要的合作商家，以達重複利用、減塑減廢的目的。
- Ubag 團隊夥伴自創辦至今皆以志工方式投入計畫，未來將以協會型態來運作。

社會影響力：

- 2013 年開始在三峽北大社區實驗，邀請到 15 個店家參與，作為二手袋收集／租借的據點。
- 2014 年 8 月與新北市環保局合作 reBAG 袋袋相傳計畫，該局開始推廣二手袋循環的概念，並在各地設立收集／借用據點。其他縣市政府也陸續響應，如宜蘭市、臺中市、彰化市、基隆市、嘉義市等。
- 2019 年 10 月 Ubag 網站平臺成立至今，超過 6 萬人次使用平臺取得二手袋循環資訊，協助 350 個店家徵袋，其中常駐徵袋店家超過 200 個，創造 68,000 個袋子及包材的二次使用。
- https://ubag.ilohas.info/，https://zh-tw.facebook.com/ubagtw/

#第一屆　#SDG12

黃金圈分析

WHY
- 倡導使用二手袋的理念與行動

HOW
- 串聯民眾與店家，提供二手袋及包材循環的店家資訊，以及正確的捐袋資訊

WHAT
- 建置網站平臺，店家於平臺上登錄聯絡資料及徵袋需求，民眾透過在平臺上搜尋，將閒置的提袋或包材提供給適合的店家，使其能夠被重覆利用
- 於臉書社群平臺協助宣傳合作店家的故事及理念，以吸引更多民眾及店家願意參與循環機制

Ubag 夥伴們因理念相同而無償投入推廣二手袋循環的行動。
圖片來源｜Ubag，FUN 大視野

趨勢五：循環經濟　#責任消費　#資源循環

趨勢五：循環經濟 #地方創生 #永續農業

㉒ 梨理人農村工作室
將循環、創新引入農村，為果樹木農棄物開發再生商機

二〇一五年夏天的大專生洄游農村計畫，讓創辦人之一的徐振捷有了創立「梨理人」這個組織的想法。當時他看到農民燃燒梨枝等廢棄物，聞到空氣中瀰漫著刺鼻的氣味，廢棄的嫁接梨枝燃燒後成了大眾避之唯恐不及的二氧化碳、戴奧辛等有害物質，他與夥伴們就想到：「如果這些垃圾裡面能夠有可以被利用的地方就好了。」徐振捷說那時候其實只是單純這樣覺得，並沒有想得很大、很仔細，與另一位創辦人林羿維只是先收集會被收掉的垃圾，然後觀察有沒有能以他們大學生的能力來利用的地方。

他們得出的答案是製作梨煙筆。徐振捷回想當時與夥伴們扮演領頭羊的角色，捲起衣袖親自分類農棄物，將廢棄的鐵絲、土色牛皮紙袋重複利用，至於大小不一的梨梗枝，長度大概在八至九公分，不會很粗，又是枝條狀，非常適合用來製作筆。而無論就產品成熟度或技術門檻來說，筆相較於USB外殼、瓷器、筷子等選項都勝出，於是他們就依照樹枝的外觀，保留枝條造型，製作梨煙筆。

梨煙筆為洄游農村計畫寫下句點，但也開啟「梨理人農村工作室」的起點。二〇一六年梨煙筆獲得臺中市十大伴手禮的肯定，隨著在媒體上陸續曝光，感受到大家對他

徐振捷（左）和林羿維（右）共同創辦的梨理人農村工作室積極發展果樹全利用模式。圖片來源｜梨理人農村工作室，FUN大視野

110

推動農棄物分類再生

除了梨煙筆之外,梨理人農村工作室希望能推動農業廢棄物資源成為可複製的再生模式,積極投入永續農業的研究。除了將高接梨的廢棄物製成梨煙筆,也研究龍眼、葡萄與水蜜桃等農產品所產生的廢棄物可以如何再生使用。像是採收高接梨過程中所造成的格外品,團隊也做成紅酒水梨蛋糕、果乾,讓原本會直接被棄置果園間的作物,延續產品壽命、保留它的香甜,並藉此鼓勵農民友善種植,一同創造環境永續的美好。

實踐環境的永續,十分需要大眾的參與,因此梨理人農村工作室不只設計高接梨產業旅遊,讓大眾踏入農民生活,了解高接梨從嫁接到採果的過程,也設計梨煙筆DIY活動,透過實際的製作體驗去了解平常沒有注意到的果樹枝材特色、果樹種植作業方法,親自體認到原來梨梗可以不只有廢棄一途,而是可以成為獨具特色的實用產品。

徐振捷分享作為主要推廣的后里仁里社區,每年採收後農棄物產量為一百八十公噸,其中約末五成有燃燒習慣,經推廣後有八成已不燃燒農棄物,改採自主分類或是集中清運的方式,以此計算每年至少減下七十二公噸,這部分尚不包含協助石岡、東勢一帶推廣的狀況。經由集中清運的推廣,至少有五戶由梨理人直接接觸過的農民改變了傳

保留枝條造型的梨煙筆曾獲臺中市十大伴手禮首獎肯定。圖片來源|梨理人農村工作室,FUN大視野

111 ——— 趨勢五:循環經濟　#地方創生　#永續農業

趨勢五：循環經濟 #地方創生 #永續農業

統處理農業廢棄物的方式，這還不包含因為推動集中清運而改變行為的其他農戶。

將產品與服務推向海外

梨理人一路走來，困難一直都在。處理農業廢棄物議題之所以在國際上沒有那麼成熟，原因在於它的挑戰性高。例如在產品開發上，會因為素材的關係而變得受限。「選材或者技術上會遇到很多先天的阻礙，像被採收回來的梨枝，長度在九公分以內的，要拿去做什麼東西，其實不是這麼好思考的事情。」此外，在規模化與產業化的過程，也會遇到很多挑戰。

徐振捷認為當農棄物可以變成資源或是產品，它的最佳市場應該是在海外，所以團隊在官網的英、日文等外語說明上下了不少功夫，希望未來可以把這些產品與服務變成海外伴手禮，或是外國人來臺灣可以在當地體驗的遊程服務，甚至將梨理人建立的模式在其他國家付諸實踐。

梨理人期許在商業模式上能變得更成熟，達成永續經營的目標，更希望他們所提出的循環農業構想，未來也能夠應用在不同農業的領域上。期待有朝一日，透過他們的創新解方，臺灣也能像荷蘭一樣，成為在環保與永續議題上成功的國家。

「農村是一個非常有可塑性的地方，不要被自己既定的想法侷限，勇敢的探索各地！」

——梨理人農村工作室

右：梨理人農村工作室推廣農棄物分類、集中清運，改變了社區農戶傳統燃燒的方式。左：果樹修枝條長度、姿態各異，成為產品開發上的挑戰。圖片來源｜梨理人農村工作室，FUN 大視野

112

團隊小檔案：梨理人農村工作室（梨理人農村有限公司）

- 由徐振捷和林羿維共同創立於 2016 年，設立於臺中，從后里高接梨開始，嘗試改變傳統農業燃燒、堆置採收後剩餘物的問題，建立永續循環農業的模式。
- 團隊擅長於田野調查、產品研發，主要服務項目有果樹木產品的開發與銷售、環境教育體驗遊程、手作活動及相關議題講座。

社會影響力：

- 從成立至今，累計處理 100 公噸廢枝材，減少 180 公噸二氧化碳排放，並將 500 公斤廢枝材產品化。
- 透過推廣活動，至今已經有 8 成農戶不再燃燒農棄物，有效降低 80% 的污染，並讓 700 位民眾參與農棄再生的過程。
- https://www.facebook.com/renlipeople

#第二屆　#SDG8、SDG12

黃金圈分析

WHY / HOW / WHAT

- 賦予農業廢棄物新的生命，以減少燃燒的煙害，並打造在地品牌，為農村創造新的經濟價值

- 融入設計思考與商業可行性，建立永續循環農業的模式

- 果樹木產品的開發與銷售
- 環境教育體驗遊程
- 手作活動及循環永續相關議題講座

梨煙筆 DIY 活動為旅客的遊程創造難得的在地體驗。圖片來源｜梨理人農村工作室，FUN大視野

趨勢五：循環經濟　#地方創生　#永續農業

趨勢五：循環經濟　#地方創生　#女性賦能

㉓ 巧婦織布工藝工作室
為農村婦女創造友善工作環境，編織出植感循環經濟

在臺南學甲有一個溫馨的小空間，裡頭定期開設織布、編織藝品的課程，而支撐起這個空間的，是當地一群擁有好手藝的婦女媽媽們。「巧婦織布工藝工作室」的創辦人陳怡君，結婚生子後決定回到家鄉學甲，原本只想找些零工讓自己經濟獨立，但在搜尋過程中，卻發現農村婦女因家庭壓力與就業條件的限制，往往難找到符合自身興趣或具發展性的工作。這促使她開始思考，是否有可能結合工作和興趣，為農村婦女的生活開創新的視野？

編捻手藝讓廢棄物重獲新生

由於學甲曾是臺灣紡織業加工出口重鎮，讓陳怡君興起從這門傳統產業另闢蹊徑的想法，於是有了巧婦織布工藝工作室的誕生，集結一群有手工藝基礎的社區婦女，提供專業知能培力課程與彈性工作機會，支持家庭與工作兩相稱。

在織布的素材選擇上，過去曾在雲林工作的陳怡君思考著，作為毛巾生產重鎮的雲林，雖有高產值，但工廠每年會產生大量棉絮，若未經妥善處理可能造成環境問題，因此她開始研究廢棉絮二度利用的可能。恰巧在某個契機

曾是全職媽媽的陳怡君（左）創辦了巧婦織布工藝工作室。圖片來源｜巧婦織布工藝工作室，FUN 大視野

114

之下，陳怡君認識了一位纖維藝術家，了解到廢棉絮可以透過手捻線的方式，藉由人工粗刷、精梳的程序，清理掉樹枝與垃圾等雜質，再將長纖維與短纖維放入棉絮中，就能將棉絮與垃圾捻成線，讓廢棉絮重獲新生，而這也成為工作室的特色手藝之一。

陳怡君還觀察到，除了棉絮，農業生產過程中的剩餘物資也會對環境產生影響，因此，工作室從二○二○年起開始收集社區的農業廢棄物進行研究，發現玉米葉、絲瓜絡、小麥梗等資源可以經由回收整理後再次被運用，進而開發蒲團、杯墊、吸管等商品，希望將環保理念植入每個人的生活中。

二○二一年，團隊夥伴們在操作棉絮與黃麻合捻過程中，發現黃麻線大多自國外進口，臺灣找不到纖維黃麻植物。但回顧學甲在地歷史，在塑膠製品普遍之前，黃麻曾是田間重要的經濟作物，幾乎每家婦女都有剝麻、編麻的精湛手藝，如今已隨著老的記憶模糊漸逝。工作室因而開始進行黃麻復育行動，並透過在地知識記錄過去黃麻產業鏈與取織技術，成功讓黃麻取織技術登錄在農委會的農村技藝調查保存紀錄中，也將黃麻纖維製作成為包包配件與家飾用品，兼顧環保與實用性。

打造「培」伴婦女的交流空間

陳怡君希望透過織布工藝工作室來「培」伴婦女。她招募農村婦女成為合作夥伴，先提供一系列織布工藝與知

學習經緯交織的傳統織布方式是工作室的培力課程之一。圖片來源｜巧婦織布工藝工作室，FUN 大視野

趨勢五：循環經濟　#地方創生　#女性賦能

趨勢五：循環經濟 #地方創生 #女性賦能

能培力課程，協助她們將興趣提升為專業，從創作過程培養自信、找回自我、開拓工作機會；之後再讓婦女擔任體驗課程的講師，從教導他人的過程中進一步強化自信，讓她們感受到，自己的產品與技能是受到重視和肯定的，幫助她們建立財務自主能力，在家庭與工作間找到平衡。

透過連結內部團體與外部資源，陳怡君運用社區已有的閒置空間作為工作室，串聯內外組織等支持體系，增加農村婦女長輩陪伴、孩童照顧時間，活化社區公共空間。曾經也是全職媽媽的她認為，對農村婦女們而言，在工作室除了能發揮興趣、展露技能，也能拓展視野與取得知識，在走出家庭的同時，得以彼此慰藉，使情緒有宣洩的出口，獲得生活與工作上的身心靈支持。

女力編織農村循環經濟願景

巧婦織布工藝工作室成立以來，一步步摸索前進，除了希望打造織布工藝品牌價值、品牌定位與產品行銷策略，進行織布文創設計商品包裝、設計，提供線上、線下通路，建立完善銷售平臺，也希望透過辦理織布體驗活動，推廣社會倡議與議題關注。

工作室一方面積極招募商家找尋實體通路寄售產品，透過商家品牌經營，增加公益合作夥伴，同時也經營網路平臺增加行銷與販售通路，另外還與生活提案工作室合作，集結各領域的手感工藝師，累積辦理五十二場活動，觸及超過二萬一千人次，以強化大眾對品牌的認知，並擴大相

關議題倡議的聲量。

這個立足於農村的編織基地，不只要創造婦女的就業機會，更希望從天然素材創造循環經濟，留給下一代乾淨的土地與環境。二〇一九年與二家棉織廠合作，每月取得十公斤的棉絮原料，進行回收整理，剔除髒污無法使用的棉絮，平均回收率達八十至九十％。二〇二〇年與三位農民合作，取得四百八十公斤的玉米葉、三百多個絲瓜絡、半分地小麥梗，重新整理這些農業廢棄物後，有七十五％的植物纖維再次被利用製作成產品，像是小麥吸管、絲瓜絡杯墊、玉米葉坐墊等。二〇二一年與一位農民合作，復育一百多棵黃麻，找回四個黃麻品種，並辦理一場吸引了兩百人參與的體驗活動，獲得三十公斤的纖維，提供給在地工廠生產商品，一千多支黃麻桿則提供給民眾居家或展覽布置用。

不管是廢棉絮或植物纖維都需要經過一道道人工處理的繁瑣程序，沒有辦法像工業化進行量產或大量接單，只能慢工出細活地製作出一條條紡織的線與編織用原材料，但也因製作時間長，很難有穩定的收入維持工作室基本支出，或聘用固定人員，以及每月提供媽媽們彈性工作機會，以至於工作室時常無法及時紓解媽媽們經濟上的困境。陳怡君坦言，手工製作有其吸引力，但卻很難跳脫被低價比較的命運，因為一般人普遍不懂編織的價值，導致時常發生苦心製作的物件落入被喊價或降價銷售的狀況。因此，工作室總是盡可能把握機會向民眾傳達手工編織的理念，分

116

團隊小檔案：巧婦織布工藝工作室

- 由陳怡君於 2019 年成立於臺南學甲，集結一群有特殊專長的農村社區婦女，提供編織手藝的專業知能培力課程與彈性工作機會，讓社區媽媽們可以兼顧家庭與工作，更希望在陪伴的同時幫助婦女建立自信、重拾自我，進而能依靠自己再創事業版圖。
- 工作室以回收棉織品作為素材，發展棉織相關產品，亦擅長使用各種植物纖維編織植感器物，除銷售外，也辦理相關體驗及創作活動，為環保永續發聲。

社會影響力：

- 從成立至今，舉辦超過 264 小時培訓課程，陪伴 12 位全職媽媽在家庭與工作間找到平衡。
- 與棉織工廠合作，回收整理廢棉絮手捻成線，再用來進行編織創作，平均回收率達 80 至 90%。
- 與在地農民合作，讓玉米葉、絲瓜絡、小麥梗等下腳料成為編織素材，減少農業廢棄物造成的環境汙染問題。
- 進行黃麻復育行動，成功讓傳統黃麻取纖技術登錄在農委會的農村技藝調查保存紀錄中。
- 辦理 2 場織品展覽、拍攝 3 部相關影片、持續舉辦體驗創作活動，讓理念觸及大眾。
- https://zh-tw.facebook.com/slwworkshop/

＃第二屆　＃SDG3、SDG8、SDG12

右上：當地耆老的黃麻記憶與手藝隨著黃麻復育行動被保存了下來。右下：巧婦織布工藝工作室已成為社區婦女在生活與工作上獲得身心靈支持的空間。左上：剝皮後的黃麻桿可以拿來居家或展覽布置。左下：將剝除下來的黃麻皮個別捆束只是取纖程序的初步階段。圖片來源｜巧婦織布工藝工作室，FUN 大視野

趨勢五：循環經濟　#地方創生　#女性賦能

享其價值和製作的過程。

儘管目前因人工處理的產量不大，距離「以循環經濟達到環境改善」的目標仍有段很長的距離，但陳怡君相信透過與毛巾工廠、農民的合作，持之以恆，也能讓合作方了解到友善環境與循環經濟的重要性，對整體產業的未來發展有一定的幫助。

生產與管理的挑戰待攻克

在現階段，工作室的生產流程與管理制度仍有待進一步完善，以期兼顧產量與品質，使各項生產績效維持於一定標準，讓社區商品能提高產品價值，同時避免產品短缺與存貨壓力，造成行銷成本增加。

至於在手織工藝產品與體驗創作上，工作室也沒有停止研究探索，希望能夠不斷推陳出新。例如：將針對消費受眾的不同設計課程內容與體驗模式、開發基本包款延伸創意商品、分季辦理織作課程、每年推出節慶限量或區域限定商品等等，盼能為品牌持續加溫。更期待透過異業合作機會，發展多元體驗課程模組，讓更多人經由體驗創作認識這群社區媽媽，進而認同與支持工作室的理念。

展望未來，陳怡君夢想著能在各個縣市都有合作店家，從南臺灣農村的一個小工作室出發，放眼全臺連結一家家通路商家，凝聚有相同理念的民眾，將各地的小力量串聯起來，織出一幅幅社區媽媽們的美好創業夢。

> 「我們編織的，是媽媽的未來。」
> ——巧婦織布工藝工作室

讓廢棉絮重獲新生的手捻線成品全靠慢工出細活。圖片來源｜巧婦織布工藝工作室，FUN 大視野

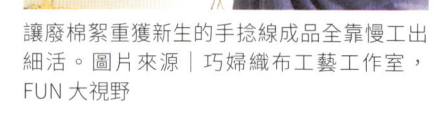

黃金圈分析
WHY / HOW / WHAT

- 成為接住每一位社區媽媽的平臺，陪伴渡過育兒階段的低潮與迷惘，重新找回自信、自我與自立能力，重返社會

- 透過編織手藝及工作室空間來「培」伴婦女
- 創造循環經濟，留給下一代乾淨的環境

- 為招募的媽媽夥伴們辦理相關知能培訓課程，提供彈性工作機會
- 回收整理廢棉絮和農廢物作為編織素材
- 投入黃麻品系復育行動，有利於生物多樣性，並增強在地產業文化認同
- 以工作室為基地，創造婦女交流的公共空間，提升社區整體互動
- 辦理織品展覽和體驗創作活動，引入外部能量

118

24 卡維蘭
發掘格外品的幸福滋味，與高山果農並肩維繫偏鄉命脈

水蜜桃的清香從啤酒瓶中逸散，讓空氣中盈滿了甜美的氣息，這是卡維蘭團隊精心釀造的水蜜桃啤酒，不同於市面上的水果啤酒，卡維蘭不使用香料，而是選擇真正的水果進行釀造，希望讓大眾看見偏鄉小農辛苦種植的農產品，有更多發展可能性。

從高山水蜜桃起家的水果品牌卡維蘭，源自共同創辦人洪毅宏在山上當兵期間，看到臺灣的水蜜桃小農面臨付出與收入嚴重不平衡的問題：「農友辛苦耕種一年，收入卻很少，很想為他們做些什麼。」當時對農業還不是很了解的他，因為這樣小小的起心動念，開啟了他投入農業、幫助農民改善生活的探尋之路。

以拉拉山作為起跑點，逐漸走入梨山、尖石，隨著海拔提高，他和團隊夥伴一步一步踏上山林小徑，與消費者生活圈的距離逐漸拉遠，這樣的做法似乎與一般的商業決策背道而馳。為什麼做出這樣的選擇？因為卡維蘭觀察到，許多想要支持、幫助水蜜桃農的人，往往受知名度影響以及距離前往拉拉山，而非最主要的水蜜桃產地──梨山。不是眾人目光焦點所在的梨山農民缺乏銷售的通路，只能默默承受盤商剝削；而尖石地處偏遠，更不易前往，

卡維蘭的推手洪毅宏希望讓高山水蜜桃農友的付出與收穫能取得平衡。圖片來源｜卡維蘭，FUN大視野

卡維蘭的格外品手作果醬因少量生產成本高，較難擴大競爭力。圖片來源｜卡維蘭，FUN 大視野

趨勢五：循環經濟　＃友善農業　＃產業轉型　＃地方創生

情況也就更加艱辛。

即使選擇踏入這些過去被忽略的區域，必須付出更多的努力去與當地農民溝通、對當地環境重新摸索，洪毅宏還是希望能將資源與能量引導、集中到最需要的地方，終如一的堅持，就是期望卡維蘭所推動的事情能夠真正幫助到農民，讓他們的付出與收穫逐漸平衡，改善生活。

為格外品另尋蹊徑

卡維蘭走過的路途絕非康莊大道。成立之初以銷售鮮果為主，卻在第一年就因為強烈寒流導致水蜜桃欠收而無法出貨，將近一年完全沒有收入，當時許多團隊夥伴更因為個人生涯規劃而陸續選擇離開。除此之外，更曾經發生與合作果農產生誤解，對方因而拒絕出貨，甚至差點面臨訴訟，最終導致需要重新尋求合作對象。

不過，這一路上的跌跌撞撞，非但沒有打敗卡維蘭，反而讓團隊逐漸觀察到過去未曾注意的問題：讓農民收入與付出不成正比的主因並非鮮果的銷售，而是大量無法收益的格外品造成虧損。洪毅宏提到，無論是豐收或是歉收，每年產量中將近三成會是格外品，這些格外品因為果實過熟、賣相差或者在運送過程中碰撞造成損傷而無法進入鮮果銷售的市場，農民只能忍痛放棄自己一年的心血，選擇丟棄。

最初，卡維蘭認為這些格外品比起鮮果更加香甜，相當適合進行加工，因而著手製作果醬，但卻又發現另一道

120

團隊小檔案：卡維蘭

- 由洪毅宏共同創立於 2015 年的社會企業，卡維蘭從高山水蜜桃起家，致力於翻轉臺灣農業現況，除鮮果銷售外，亦開發格外品加工，解決棄果造成的浪費與環境負擔，為消費者提供無添加的特色產品，同時增加偏鄉農友收入及就業機會。
- 卡維蘭鏈結市場上下游，建立完整的水果原物料供應產業鏈，並與產地農友共同維繫偏鄉命脈、改善土地條件、推動產業升級與公眾參與，期許產業鏈得以永續發展。

社會影響力：

- 從成立至今，與桃園拉拉山、新竹尖石、臺中梨山等地的 97 位農友合作，收購 25 噸水蜜桃格外農品，讓農友收入增加至 168 萬。
- https://www.kaviiland.com/

#第三屆 #SDG1、SDG8、SDG12

難關：雖然有人會基於支持小農而選擇購買格外品果醬，但是長遠來看，少量生產的成本過高，並沒有足夠能量與優勢和市面上規模化生產的產品競爭。

一路上發現問題、提出解決方案，卡關、再另尋蹊徑，卡維蘭逐漸發現，真正的困境來自於產業鏈的不完整，需要改善的根本是原物料的處理與供應。在這個前提下，卡維蘭認為需要先讓大眾體驗到這些原料的不同可能性，而當地農民自釀的水果酒帶給團隊靈感，因此，卡維蘭便將重心移至啤酒釀造，開發一系列具有獨特風味的啤酒。

健全產業鏈帶動農業轉型

卡維蘭希望能增加格外品的產品多元性，帶動農業轉型並永續傳承，因此致力於建立水果原物料完整產業鏈，將開發產品的創新與品牌合作達到互惠效益的提升，不僅解決食物的浪費，更能回饋偏鄉、創造工作機會，藉此推進偏鄉發展創造農業永續。

在帶動農業轉型上，洪毅宏認為臺灣面積雖然不大，但高山地形多、氣候差異大、水果種類繁多，具有先天栽種上的優勢。因此從二○一三年深耕於各個產地，發現不同產地的施種技術、資訊傳遞、基礎設備等差異極大，於是透過收購及分級制度的建立、基礎設備的建置、收購品質的控管、冷鏈設備及資訊系統的導入，提升栽種品質，同時收購無法拿至市場上販售的格外品，解決農友銷售端的問題。

但卡維蘭並非對所有格外品都照單全收，他們希望農友們可以意識到，過往慣性地過度施藥與施肥，雖然短期內可以增加產量，但長遠來看，環境無法永續生產，水果也容易有食品安全上的疑慮。為了能夠幫助農友找到更適合的種植方式，卡維蘭也邀請專家上山，無償提供農友課程，學習如何以正確的比例施藥與施肥。同時，卡維蘭也制定嚴格的收購標準，以確保格外品的品質與安全性禁得起考驗。

趨勢五：循環經濟　#友善農業　#產業轉型　#地方創生

協助農友自建品牌永續發展

在推動地方創生上，卡維蘭透過在地僱用，進行集貨、秤重、篩選等工作，增加偏鄉的就業機會，鼓勵青農回流。

由於臺灣多為小農，每戶農家的可耕地面積偏小，為帶動偏鄉發展，卡維蘭也協助當地農友開發自有商品、發展自有品牌，搭配農田觀光旅遊，以觀光引動產品銷售及品牌建立。

永續發展一直是卡維蘭經營的核心目標。洪毅宏強調，若只有單一產品或品牌的成功，無法大量提升收購量，並不能全面性地解決臺灣多數農友所遇到的困境；唯有健全產業鏈，才能夠放大水果的使用量。從鮮果販售、加工產品開發到發展產業鏈，卡維蘭的初衷始終如一，希望農友的辛苦能夠真正獲得相應的報酬，也讓大眾可以真心認可農產品的加值不再只停留在文創概念的包裝，而是轉變讓農產品的價值所在。對洪毅宏而言，最大的願景就是希望消費者的想法，發自內心的願意消費。希望透過卡維蘭一點一滴的努力，能改變鮮果的收購、栽種，同時改善農人生活、改變這塊土地，達到永續傳承的目標。

「卡維蘭存在，因為高山的農業需要改變，唯有行動，才能讓公平交易落實城鄉。」

——卡維蘭

黃金圈分析

WHY　HOW　WHAT

- 🔵 改善臺灣農業環境，維繫偏鄉命脈，推動公眾參與

- 🟢 加入鮮果冷鏈，落實城鄉公平交易
- 🟢 開發格外品的可能，減少農業浪費
- 🟢 改善土地條件，降低環境負擔
- 🟢 進行產業升級，增加農村就業機會

- 🟡 剩食計畫：研發格外品加工，為消費者提供無添加的特色產品
- 🟡 嚴選果物：嚴格把關生產過程，建立穩定供應鏈，確保鮮果品質
- 🟡 產地友善：與農友並肩生產，提升栽種品質，搭配農田觀光旅遊，增加偏鄉就業機會

趨勢五：循環經濟 #食器租賃

㉕ 青瓢
建立環保容器租賃系統，助消費者輕鬆達成永續行動

提供環保容器租賃服務的青瓢，其創立源自於兩位共同創辦人林志龍與鄭文普對於手搖飲料的愛好，儘管人手一杯飲料是熟悉的日常，不過他們卻逐漸意識到一杯又一杯的飲料杯背後所隱藏的是大量的資源浪費。為了達到喜好與環保間的平衡，青瓢希望能夠藉由循環容器的使用，為臺灣龐大的飲料市場帶來一些改變。

喜歡發掘問題所在的林志龍發現，大部分的消費者會因為方便而使用商家提供的免洗杯。而他在參加巴黎氣候大會時，被大會提供「可退押金」的環保租賃杯服務吸引，促使他開始思考如果販售飲料的店家、攤販或活動，能給消費者一個免洗杯之外的選擇，是不是就可以降低免洗杯的使用？回國後，他開始研究德國、法國與日本環保餐具推廣聯盟的成功案例做法，找上擅長數據分析的高中同學鄭文普攜手創立青瓢。

可惜事與願違，在經過市場調查後發現，導入循環杯使用會攪亂飲料店既有的商業合作模式，很多飲料店品牌會從免洗杯材中，向加盟主賺取些微利潤，因而不願意合作環保杯的導入。在不斷碰壁下，青瓢沒有放棄，而是另闢蹊徑，改與各類活動合作。

林志龍從國外環保租賃杯服務獲得創立青瓢的靈感。圖片來源｜青瓢，FUN 大視野

趨勢五：循環經濟　#食器租賃

專案主導活動的減塑體驗

青瓢目前提供租借型服務與專案型服務。租借型服務中，單純提供企業租借環保杯、餐具、餐盒等容器；而專案型服務是青瓢最主要的合作方式，由青瓢直接主導活動減塑方案，協助主辦單位全面禁用一次性垃圾。他們提供自製的青瓢杯、餐具、餐盒、餐盤等容器，在現場設置容器租借站，讓參與者能定點借、定點還；或是先將杯具全面分配給各攤位，讓他們販賣餐點時以環保容器盛裝，結帳時直接收取顧客的押金，當顧客使用完畢，再到定點歸還、退款。至於杯子的使用租金通常由活動主辦方負擔，顧客則需繳交十五到三十元不等的押金，以免忘記歸還容器。

金額不高的押金制度，乍聽很容易使餐具遺失，但綜合過去與家樂福文化藝術季、無肉市集、浪人祭等活動合作的經驗，青瓢發現歸還率均能達九十五%以上，遺失率極低。此外，借出去的杯子毀損率僅不到一%，意即每場活動後，幾乎所有杯子都能繼續在下一場活動使用。

不過，青瓢偶爾也會遇上主辦方基於場地或其他考量，無法全面配合禁用塑膠的情況。有些主辦單位會提供免費的擺攤機會，讓青瓢進駐活動現場，鼓勵忘記帶杯子的民眾當場租借，由使用者一併支付四到五元的租金和三十元押金。

青瓢的循環容器租賃服務逐漸打出知名度，像是建國工程家庭日、家有市集、浪人祭、太魯閣馬拉松等各式活動都有青瓢進駐現場。圖片來源｜青瓢，FUN 大視野

提升服務的價值以擴大影響

青瓢六年來逐漸打出知名度，讓越來越多企業了解其實在活動中使用的容器可以有不一樣的選擇，然而費用卻是始終難以突破的關卡，畢竟循環容器比起一次性容器增加了運送與清洗上的成本。

青瓢思考過許多解方，像是使清洗過程規模化，就能壓低費用，又或者是將清洗的場域分散在各個商家，減少運送與集中的費用；不過前者短期內無法達成，後者在目前臺灣洗碗機尚未普及的狀況下難以掌握清洗品質。因此，青瓢最終將目標放在提升自我服務的價值，像是在園遊會當中加入更多環境教育與環保循環的概念與宣導，以及在茶歇等場合提供更高規格的餐具等等，藉以提升使用者體驗與整體活動的品質。

跌跌撞撞走過六年，青瓢除了要克服外界對於嶄新服務模式的不熟悉與各種質疑，內部的磨合也是一大難題，如何在環保的理念與商業運營中取得平衡，更考驗著團隊成員的智慧。所幸經歷過風風雨雨，青瓢逐漸摸索出團隊間的默契與服務模式，找出團隊最佳的公式，而未來更希望能夠不斷提升自己的服務價值，讓循環餐具的模式能夠影響到更多活動，為這片土地卸下一些重擔。

> 「讓消費者透過實際體驗，更了解永續，並且能在生活中實踐。」
> ——青瓢

團隊小檔案：青瓢

- 為林志龍與鄭文普於 2016 年成立的社會企業，將循環容器租賃服務及流程模組化，為活動提供「餐具租借」及「環保規劃服務」，致力讓重複使用取代一次性拋棄容器的概念融入於不同類型的活動場域之中。
- 青瓢希望幫助使用者能夠更輕鬆的舉辦環保活動並溝通理念，同時讓活動來賓能有好的環保體驗，進而能在生活中實踐永續。

社會影響力：

- 從成立至今，將環保餐具導入超過 75 場活動，減少 650,000 件一次性餐具使用量，等同 128 座臺北 101 高度的使用量、降低 466,000 公斤水資源消耗以及 19,240 公斤的碳排放。
- https://www.chingpiao.com/

#第三屆　#SDG13、SDG15

黃金圈分析

WHY
- 減少一次性餐具的使用

HOW
- 建立一套重複且有效率的循環容器服務系統，讓體驗者能輕鬆便利達成永續行動

WHAT
- 租借型服務：提供環保杯、餐具、餐盒租借服務
- 專案型服務：提供模組化服務，設計商家與消費者餐具借用及歸還流程，並設置服務站、規劃環保教育活動

趨勢五：循環經濟　＃物資循環　＃共享經濟

㉖ iGoods愛物資
搭起捐贈者與公益單位的橋梁，不再怕愛心變成負擔

二○一五年，其前身為蒲公英志工團隊，兩位創辦人邱珮瑜、陳家銓在志工活動中相遇，因觀察到募集物資所遇到不準確、不即時的資訊往往造成捐贈的善意淪為浪費，甚至成為公益單位的負擔，於是致力於搭起捐贈者與公益單位之間的橋梁，藉由科技的力量讓物資可以送達真正需要的人們手中。

「讓閒置資源再次流動」是 iGoods 愛物資最初創立時的目標，而在邁向目標的同時，也不斷從服務過程中找出 iGoods 愛物資能夠更精進的項目。在與企業的合作中，便發現到「次級品再生的可能」值得關注與發展。許多企業會有部分的產品因為過季、即期或是外表上有瑕疵等原因，而不將該產品進入市場販售。過去，這些企業通常選擇最簡單的方式——報廢；不過，隨著環境保護意識提升，企業發現這樣的方式不僅浪費資源，也對環境不友善，因而尋求其他解方，其中有一些敲響了 iGoods 愛物資的大門，希望能夠捐贈這些實際效用並未喪失，但無法循原先模式進入市場販售的產品。

邱珮瑜（右）、陳家銓（左）創立了 iGoods 愛物資、翌賣所兩個平臺，希望讓閒置資源流動到需要的人們手上。圖片來源｜iGoods 愛物資，FUN 大視野

126

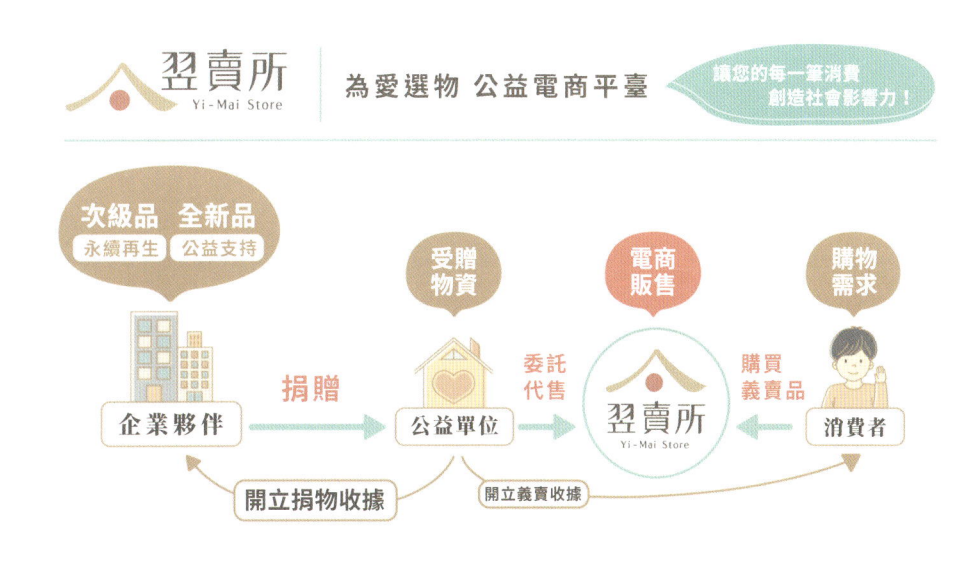

公益電商平臺「翌賣所」創造三贏

在合作過程中，iGoods 愛物資意識到一件事實：企業所希望捐贈的物資過於大量，且大多數的產品並不符合公益單位所需。為了替這些物資找到除了被銷毀或捐贈以外的利用方式，iGoods 愛物資發現若將一般消費族群加入整個服務模式，便能夠解決這樣的困境。

因此，他們結合了公益與次級品，在二〇二〇年成立「翌賣所」電商平臺。一方面協助解決工廠因生產或銷售的過程中，因生產數量預估錯誤、通路販售不佳退貨，或因企業捐贈不符合公益單位需求的產品，減輕單位自行處理的負擔；另一方面，讓消費者能透過翌賣所用相對經濟實惠的價格購買到自己所需的產品，而委託義賣的最終收益則一○○％交由公益單位自行運用，購買真正需要的物資；至於提供商品的企業端，不僅實質上有捐物收據可以抵稅，更可支持公益單位提升公益形象。利用這樣創新的方式，延續了物品的生命，不造成資源的浪費，也形成企業、消費者與公益單位三方皆能受益的永續循環。

方便透明的捐贈及義賣媒合系統

團隊原本僅提供個人和企業物資的捐贈服務，透過 iGoods 愛物資捐贈媒合平臺，捐贈者可以快速找到目前有哪些物資需求，選取所要捐贈的物資並完成捐贈單後，平臺會將物資的需求數量扣除，讓物資捐贈不過剩，做到資

翌賣所平臺串聯企業、消費者、公益單位三方共好

趨勢五：循環經濟　#物資循環　#共享經濟

源平均轉移，亦可避免資源同時湧入單一單位。並且由物流公司到府收取物資，直接送往社福機構，讓捐贈物資變得更為簡單方便，有效提高捐贈意願，兼顧社福團體募集物資的正確率。

若社福單位收到不符合需求的企業捐贈物品時，團隊則透過翌賣所公益電商平臺提供解方，以方便透明的義賣系統，串聯起企業、消費者、公益單位三方共好的合作機會。翌賣所平臺提供完整公益次級品購物體驗，建立嚴謹的品管流程，商品資訊有產品履歷與商品健檢，使資訊公開透明產生信任感；再者，建立清楚的商品分類規範，搭配有趣易懂的角色性格與故事，讓消費者清楚了解商品分類規範，務求真實呈現公開透明。最後，每筆銷售金額一○○％回饋指定單位與議題，發揮一○○％的社會影響力，實現永續生活理想。

優化平臺服務促進良善消費循環

iGoods 愛物資團隊希望能將物資捐贈做得更專業，達到讓捐贈者捐得正確、需求單位能有效曝光與媒合到真正所需資源，因此營運至今不斷優化平臺體驗，並串接金物流提供「到府收物資」的服務，力求發揮資訊正確、數量管控、寄送便利、搜尋方便、公開徵信的特色。

至於過程中另外成立的翌賣所公益電商平臺，則猶如一場全新的冒險，無論是運營模式或是品牌定位，都與過

團隊小檔案：iGoods愛物資

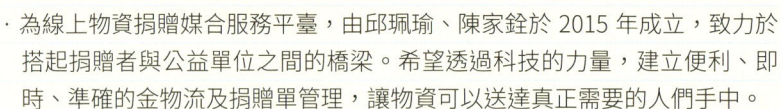

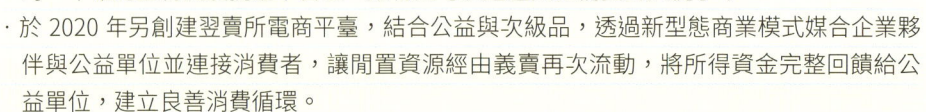

- 為線上物資捐贈媒合服務平臺，由邱珮瑜、陳家銓於 2015 年成立，致力於搭起捐贈者與公益單位之間的橋梁。希望透過科技的力量，建立便利、即時、準確的金物流及捐贈單管理，讓物資可以送達真正需要的人們手中。
- 於 2020 年另創建翌賣所電商平臺，結合公益與次級品，透過新型態商業模式媒合企業夥伴與公益單位並連接消費者，讓閒置資源經由義賣再次流動，將所得資金完整回饋給公益單位，建立良善消費循環。

社會影響力：

- iGoods 愛物資已成功媒合 25 萬份物資、分享人次超過 5500 人，讓善意與資源發揮最大的效益。
- 翌賣所已媒合 10 個公益團隊、20 家企業夥伴、3 千多件義賣商品與高達 10 萬的義賣金額。
- http://www.igoods.tw/

#第三屆　#SDG12

往運營的物資媒合平臺大相逕庭，面對的挑戰也不同。針對企業端，iGoods愛物資需要能夠說服他們將物資投入計畫當中，對於企業本身具有正面的形象提升，且不損及原先收益；針對消費者端，除了要建立明確的連結以進行原先iGoods愛物資會員的導流以外，也要能夠確保物資的品質以提升吸引力，並且避免後續糾紛。

團隊發現，在民眾選購義賣品方面，目前國內市場尚未有較為知名且獲信任的義賣品牌。翌賣所期望未來能擴大規模，加強進行線上行銷廣告、外部合作等推廣，持續提升義賣金額，為公益單位創造更多實質的幫助，成為義賣的領導品牌。此外，也規劃依據合適的社會議題，邀請及洽談認同公益支持的企業捐贈義賣品。期望可以不論產業規模大小，共同透過翌賣所義賣系統，完善捐贈、消費及受贈體驗，共創良善的消費循環。

「分享，原來是件簡單又快樂的事！」

——iGoods愛物資

黃金圈分析

WHY ●藉由科技的力量讓物資可以送達真正需要的人們手中

HOW ●建立線上媒合平臺，透過便利的金物流及捐贈、需求管理，使閒置資源能正確地分享給需要的公益單位

WHAT
●iGoods愛物資：物資捐贈媒合服務平臺，讓物資發揮最大的效益
●翌賣所：公益電商平臺，透過新型態商業模式媒合企業夥伴與公益單位並連接消費者

趨勢五：循環經濟　專家點評

小蝦米力扛循環經濟議題

文｜黃國峯・政治大學EMBA執行長

循環經濟與傳統經濟最大差異在於 Reuse（再使用）、Remake（再製造）、Recycle（回收再利用）。最容易著手的應該是 Recycle，Fun 大視野計畫中的團隊梨理人農村工作室、巧婦織布工藝工作室、卡維蘭等，即是充分鎖定 Recycle 議題之循環經濟新創團隊；Ubag、青瓢與 iGoods 愛物資等，則是屬於 Reuse 議題之循環經濟。

由於新創團隊資源有限，故只能鎖定特定議題之循環經濟開始運作。因為若真的要完整落實某一個產業循環經濟，其實要從價值鏈中去檢視每一個價值活動是否都可做到三個「R」，特別是 Remake，有時因為要 Remake 因而造成更多資源耗費，或是若無法從原始設計安排 Remake 模式，很難將既有的產出 Remake，這些都是未來要克服的問題。

另外一個特色是結合共享經濟之循環經濟，例如：Ubag、青瓢與 iGoods 愛物資，利用強調使用權之共享經濟概念，讓 Reuse 的精神可以極大化。

同樣地，我們需要給這些新創團隊最大的鼓勵與掌聲，因為他們雖然渺小，但所欲達成循環經濟的目標卻是偉大的。目前大部分的團隊發展都是解決所看到的痛點，但循環經濟是超越點與線的問題，故若團隊要持續發展，應該檢視每個項目的所有價值活動是否皆可以 Reuse、Remake、Recycle，這樣的影響力才是更巨大的。

立足日常體現環保永續

文｜顏博文，慈濟慈善事業基金會執行長

慈濟從一九九〇年起，以行動落實環境保護，除了期待垃圾減量並回收，更希望延續物命，更加友善的對待地球環境。三十多年來，慈濟環保站、回收點遍布全球超過八千處，每年環保志工參與超過十萬人次，用心於各種資源的精緻回收、助力塑料再製，並推動環境教育，推廣「蔬食減碳」內在健康。

人與環境密不可分，環保要從源頭開始，由人人的觀念開始帶動並落實日常行動，於環境議題上更需要思考永續與共好。「梨理人農村工作室」因看見廢棄樹枝的焚燒引發空汙，而開始將廢棄樹枝進行加工；「巧婦織布工藝工作室」為農村婦女創造友善工作環境，回收農業廢棄物重新編織出植感手藝品；「卡維蘭」利用格外水果為農業再

創循環商機。「Ubag」、「青瓢」、「iGoods 愛物資」則是看見消費過程中店家、消費者的需要與產出，創造出友善、便利的循環平臺與創新服務模式。

青年公益團隊找到社會在環保行動上別具新意的關鍵點，並建立與提出可行的方式，讓環保行動不但能立足在日常，更讓消費行為體現環保永續，以環境友善的商業模式實踐經濟與永續並行。

趨勢六：醫療創新　#兒童療育　#弱勢關懷

㉗ 台灣行動兒童療育協會
永續早療前進偏鄉，攜手家庭和社區穩定在地資源

台灣行動兒童療育協會創辦人陳力碿因為工作關係，接觸政府偏鄉療育的計畫，也見識了偏鄉資源的稀少。然而，隨著政府計畫的中斷，這些孩子將因此失去早療教育的機會，於是他透過集資與成立協會的方式，讓愛心與療育得以延續。

協會以「任何需要早療的孩子都不會被放棄」為使命，名稱中的「行動」，代表直接前往服務據點進行服務。為了生活在資源缺乏地區的孩子們，協會突破了距離的限制，不在固定的場所提供服務，而是直接到校、到宅為孩子做行動式療育，期望能主動找出需要幫助的偏鄉兒童，並提供穩定的治療，力求沒有一個遲緩的孩子被遺忘。

永續早療整合家庭與社區之力

台灣行動兒童療育協會在新竹縣竹東鎮、北埔鄉、峨眉鄉、尖石鄉及五峰鄉服務，從醫療復健、家庭及社區三個層面提出解決方案，希望能翻轉偏鄉早療困境。他們將專業的治療師帶進偏鄉，提供穩定且持續的療育，以解決孩子們發展遲緩的迫切問題。此外，協會意識到家庭才是促進孩子成長的重要關鍵，於是以家庭為中心的概念來規

職能治療師陳力碿創辦台灣行動兒童療育協會，期望翻轉偏鄉早療困境。圖片來源｜台灣行動兒童療育協會，FUN 大視野

132

劃服務,提供包含訪視、育兒技巧示範、資源連結……等方式來支持家庭對孩子的療育。

協會更與社區建立緊密的聯繫與合作關係,運用各單位專長,為每一位遲緩兒童及家庭提供真正所需的資源,支持與陪伴他們面對早期療育。例如,透過積極改造社區的閒置場地,並且在據點裡舉辦聯評活動、配合醫院的外展篩檢及主題性的親子活動等,讓家長能帶著孩子玩耍,並藉由專業人員在旁提供指導,讓父母能夠更加了解如何與慢飛天使共處。對陳力磑來說更重要的是,走入偏鄉的行動有助於提升社區的早療意識,讓慢飛天使能夠提早被發現與治療。

二○二一年,協會發起永續早療計畫,培力家長平常可以在部落中發掘潛在遲緩兒童並協助推動早療宣導及篩檢工作,假日則和部落的合作社合作舉辦親子觀光導覽活動。在共同推動早療工作的過程中,同時與社區合作發展特色產業並培力家長就業,提升家庭功能、發展部落經濟,希望能在部落中建立早療資源,降低對社會資源的依賴。目前更結合勞動部的多元就業計畫,讓家長直接在部落中就業,幫助協會深入掌握部落中各家庭的狀況,至二○二二年已完成十一場早療宣導、二場社區活動及一場對外觀光導覽活動。

建立符合在地需求的穩定服務

陳力磑表示經過這幾年的努力,證明只要能盤點、整

協會舉辦的親子活動都有專業人員從旁指導,幫助父母了解如何與慢飛天使共處。圖片來源│台灣行動兒童療育協會,FUN 大視野

133 ──── 趨勢六:醫療創新 │ #兒童療育 #弱勢關懷

趨勢六：醫療創新　#兒童療育　#弱勢關懷

合政府在醫療、社福等的各項資源，即便是在偏遠地區仍可以提供一定程度的早期療育服務。但為了讓服務更完善且支持多重議題的早療家庭，協會仍需要仰賴其他社會資源的支持（民間捐款及企業 CSR 計畫），顯示早療服務的品質與穩定仍充滿不確定性。

因此，談到未來計畫，除了期待將目前的新竹經驗分享到其他欠缺早療資源的地區外，陳力碇更期待能建立一個自給自足且符合當地需求的永續早療模式。「吃飯不是吃飽就好，還要吃得健康。」他強調不是在該地區有提供早療就好，還要能確保每一個孩子都能獲得符合他們需求的早療服務，而且是穩定不過度依賴外界資源的。他期待能透過協會持續連結現有的資源，並與政府合作建立更完善、明確且有彈性的制度及政策，讓政府資源更容易深入到被忽略的偏遠地區，並且滿足不同地區文化的需求差異。

「靠山山倒，靠人人倒，靠自己最好」，陳力碇希望能讓大家了解到早療不是一昧的幫孩子上療育課就好，如何提升家庭的功能讓孩子有適當的成長環境？如何發展符合在地需求的早療服務？如何建立不過度仰賴社會資源的早療模式？這些才是發展遲緩兒童的需求能否被持續滿足的關鍵原因。期待透過協會的影響力，讓更多慢飛天使能夠受到完好的照顧，飛得安穩、飛得精彩。

> 「靠山山倒，靠人人倒，靠自己最好。」
> ——台灣行動兒童療育協會

右：協會與社區建立緊密合作關係，為每一個遲緩兒童及家庭提供優質早療服務。左：早療團隊夥伴深入偏鄉地區提供到宅、到校療育服務。圖片來源｜台灣行動兒童療育協會，FUN 大視野

團隊小檔案：台灣行動兒童療育協會

- 由職能治療師陳力磑於 2017 年創立的非營利組織，以「任何需要早療的孩子都不會被放棄」為協會使命，深入新竹縣的北埔、峨眉、橫山、尖石及五峰等五個偏鄉提供「行動式早療」服務。
- 協會希望為資源不足地區的孩子提供可負擔、優質且穩定的早療復健，融合當地社區文化，培養在地人才，協助解決家庭問題來支持孩子的療育，期望能建立永續且友善的偏鄉早療環境。

社會影響力：
- 每年至少為 80 個家庭及（疑似）遲緩兒童提供早療服務，年服務人次約 1500 人次，減少未來可能更多的醫療、教育及社會成本。
- 於尖石鄉及五峰鄉衛生所設立親子空間提供發展篩檢與諮詢，年服務人次約 200 人次。
- 固定辦理社區親子活動與兒童發展宣導，年受益人次達 350 人次。
- 透過永續早療計畫培力家長投入早療工作，減少協會每年約 48 萬的人力及相關成本，建立在地資源並降低對社會資源的依賴。
- https://taiwanpei.org/

#第一屆 #SDG3

黃金圈分析

WHY
- 所有的發展遲緩兒童都不會被放棄

HOW
- 深入偏鄉家庭及社區提供可負擔的早療服務，發掘潛在的發展遲緩兒童
- 透過倡議發揮更大的社會影響力來改善發展遲緩兒童的早療環境

WHAT
- 整合醫療、教育與社福資源提供最基本的早療服務
- 連結外界資源發展永續早療模式，包含培力家長投入社區早療工作、發展部落經濟等，以建立在地資源，降低對社會資源的依賴

精心設計的社區活動為孩子提供有趣且持續的療育服務。圖片來源｜台灣行動兒童療育協會，FUN 大視野

趨勢六：醫療創新 #健康照護 #教育創新

㉘ 健康盟
主打秒懂衛教影音，搭起全方位醫病溝通橋梁

主打秒懂健康影音內容的健康盟，成立初衷源自共同創辦人王文利於醫療現場的觀察。「過去在醫院時，發現大部分醫生進行衛教的時候，會用專業艱深的語言跟病人溝通，常常最後有些病人聽不懂醫生在講什麼內容。」與此同時，王文利更進一步思考的是，醫生所傳遞的健康訊息都是重要的衛教資訊，但若無法有效傳達，很容易造成醫病溝通問題。因此，健康盟致力於用數位科技與媒體的方式，將艱澀難懂的醫療概念生活化，期待能翻轉過去醫病溝通的鴻溝。

創意影音圖文讓衛教零時差

他們製作有趣的秒懂衛教影片與圖文並茂的資訊懶人包，建立醫療資訊平臺，並與醫療院所合作候診TV，希望有助於破解大眾對於健康知識的錯誤迷思。民眾不論是在健康盟臉書粉絲專頁或是在醫療院所候診時，都能夠直接且快速地透過這些精準易懂的衛教內容吸收健康資訊。健康盟希望藉醫療數位科技媒體之助，讓「衛教零時差」成為一種顯學。目前已製作超過二百部的衛教影音圖文，包括了衛教懶人包、衛教圖文及衛教動畫等。觸及的

健康盟共同創辦人王文利希望將醫療知識生活化，減少醫病溝通障礙。圖片來源｜健康盟，FUN大視野

主題十分多元，從日常生活所需的健康小知識與迷思破解、政府單位預防保健相關政策與實施計畫、即時疫情消息、一直到疾病的預防，甚至感染疾病時自身可以做的處置教學等，都含括在內，幫助民眾更容易理解基礎醫學知識，提升民眾健康識能，降低醫療資源浪費，連帶能增進醫病溝通的有效性。

打造醫病友善的醫療進程

候診 TV 是健康盟的兩大產品之一，善用候診的時段讓患者邊等待邊「看電視」，透過輕鬆的衛教影音內容傳遞醫療資訊。目前有候診間節目內容、訂閱數位頻道收費兩種商模，內容不定期更新，擁有全臺最多的牙科圖文與動畫影音，已提供近五百家牙醫診所在候診間播放。

同時，健康盟應用 AI 和大數據與牙醫診所的病歷系統串接，結合另一產品 DigiMed，這不僅是放置健康盟製作的衛教圖文或是影音動畫的醫療資訊平臺，更是一個採診所訂閱制的精準醫病溝通平臺，能依患者看診需求，如矯正、植牙等治療項目，透過 AI 內容辨識技術輔助，以精準標籤播放相對應的影音素材。患者可以在診療椅螢幕收看專屬的相關解說，影音內容也可以發送到患者手機內，讓他在回診前，先藉此了解自己所需的醫療資訊後，再與醫師討論，解決醫療人員沒有太多時間溝通的問題，協助推進醫病決策的過程。扮演醫療溝通加速器的 DigiMed，更有助於診所建構有品質有溫度的顧客關係管理，讓病患感受到關心與

播放衛教影音內容的候診 TV 讓病患邊候診邊「看電視」吸收醫療資訊。圖片來源｜健康盟，FUN 大視野

137 ──── 趨勢六：醫療創新 ｜ #健康照護 #教育創新

趨勢六：醫療創新　#健康照護　#教育創新

用心。

二〇二一年，健康盟獲得第十八屆國家新創獎（初創企業——智慧醫療與健康科技），肯定其在醫療結合科技媒體的創意與潛力。王文利表示：「DigiMed 是醫療數位轉型的發展趨勢，以病患為核心，掌握看診前、看診中及看診後三大時機。運用數位衛教，讓醫病溝通不只停留在治療階段，而是同時涵蓋健康促進、預防保健到治療照護，優化醫療院所的全方位服務。」

「讓醫病溝通『零』懼離。」

——健康盟

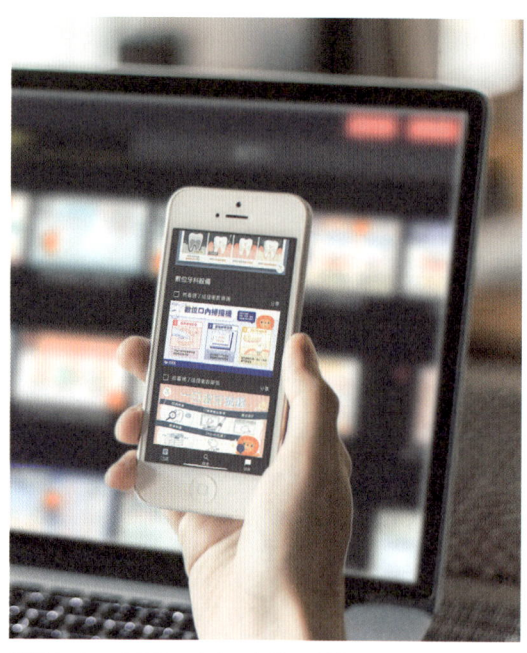

透過 DigiMed 平臺，病患可在診所螢幕或個人手機收看專屬的醫療影音內容。圖片來源｜健康盟，FUN 大視野

團隊小檔案：健康盟

- 成立於 2017 年的醫療數位科技媒體，由從事公共衛生相關工作多年的王文利與夥伴所創立。公司的使命是透過衛教，做到醫療專業生活化，使民眾秒懂一切健康知識。
- 主打秒懂醫療影音動畫，提供候診 TV 與 DigiMed 智能諮詢平臺兩種服務，希望用數位科技媒體創新的方式，在民眾候診、看診以及離開醫療院所後，都可以接收到正確的健康資訊內容，減少醫病溝通鴻溝。

社會影響力：

- 從成立至今，製作 200 部以上衛教影音，與近 500 間牙科診所合作。
- https://www.healthleaguex.com/
  #第一屆　#SDG3

黃金圈分析
WHY / HOW / WHAT

- 用衛教讓醫療專業生活化，使民眾秒懂一切健康知識！

- 打造醫療數位科技媒體，透過秒懂醫療內容全方位連結醫師、病人及家屬

- 候診TV：專屬授權秒懂衛教動畫，在牙科候診間、診療椅前螢幕教育民眾醫療知識
- DigiMed智能諮詢平臺：透過AI技術精準播放醫療影音內容，加速牙科診所醫病溝通

138

趨勢六：醫療創新　#適老生活改造　#科技應用　#健康照護

㉙ 窩新生活照護
一站式輔具服務，用專業讓照護好窩心

對於行動不便的長者與身障者而言，輔具是生活中不可或缺的幫手，但是否能找到一個真正適合的好幫手，卻可能是一段漫長且艱難的過程。一群具有醫療背景且長期於長照領域耕耘的治療師們，便從過去的服務經驗中發現，本來應該是輔助身障者的輔具被閒置在家中角落，甚至一個身障者會重複購買多個具有相同功能的輔具。種種不可思議的現象都顯示，身障者對於這些朝夕相處的輔具是多麼的陌生。

因此，這群治療師決定運用自己的專業，成立品牌窩新生活照護，將熱情投身其中，致力於協助人們找到適合自己的輔具，更希望能運用科技的力量，讓這段尋找幫手的歷程不再漫長。

做的比經銷多更多

創辦人陳建宏談到，大多數人對於輔具的概念還是處於「有就好了」的階段，而窩新的夥伴連珮吟也提到，大家對於治療師的印象是協助復健，即使有部分的人會詢問治療師關於輔具的問題，但是在醫院內工作的治療師往往礙於身分，為了避免產生圖利廠商的嫌疑，而無法推薦適

陳建宏（左）從治療師的專業出發創辦了窩新生活照護。圖片來源｜窩新生活照護，FUN 大視野

趨勢六：醫療創新　#適老生活改造　#科技應用　#健康照護

合的產品。「可是民眾還是有問題，那怎麼辦？」真正的問題沒有被解決，民眾最終就有可能會購買不一定符合需求的輔具。因此，窩新生活照護希望在民眾購買輔具前，提供更多的溝通與討論。

窩新與其他醫療器材行雖然都同樣是輔具的經銷商，但窩新提供了更貼近消費者需求的服務。他們整合輔具使用的教導、售後服務、居家空間調整、輔具修繕、二手輔具租賃、專業評估與建議等，甚至也有居家無障礙空間的設計與施工，使購買輔具不再只是銀貨兩訖的消費行為，更是一次謹慎的選擇。「我希望有這樣需求的人，不要再花第二筆錢做二次傷害性的治療，或買另外一組輔具。」陳建宏說。

窩新生活照護希望讓「輔具更溫暖」，希望透過團隊的指導後，不論對於身障者本身或是照護者，都能夠更清楚如何使用輔具，讓它成為生活中真正有效的輔助工具。

客製化服務讓輔具成為好幫手

窩新提供了各種行動輔具、照顧輔具、移位輔具、醫療輔具、生活輔具等選購，現場也配有復健治療師，有需求的消費者不僅可實際體驗操作，也有專業人員協助引導。治療師可依照各種需求，為消費者找出最適合照顧情境的輔具，並搭配技師針對特殊改造需求提供個別化調整改造。

而除了輔具的販售外，也提供輔具的租賃服務，以協助需求者在出院、出國或等待補助申請期間的臨時所需。

陳建宏認為購買後的使用方式，其實也是輔具能否成

團隊小檔案：窩新生活照護

- 2015 年由治療師陳建宏與連珮吟創立的社會企業，集結一群在醫療及長照領域中服務的治療師，專門提供輔具購買、輔具諮詢及維修服務、照護資源轉介等，希望透過一站式平臺服務，提供受照護者及其家屬更完善的選擇。
- 全店皆由治療師和維修技師駐點諮詢服務，希望讓需求者降低重複購買無效輔具的風險，引導正確的使用方法，減少二次傷害或無效投資的發生。

社會影響力：

- 協助正確使用輔具：成立至今協助了一千多個家庭進行輔具適配服務，避免使用者因買錯、用錯輔具而造成輔具上的浪費及二次傷害。
- 正確醫療觀念建立：邀請相關的專業人員與家屬們做交流，了解正確的醫療觀念與照護小撇步，累積 3500 以上人次參與。
- 輔具清潔維護保養：協助 2 個機構做長期的輔具保養清潔，至今累計 1,000 人次的輔具維護。
- 輔具維修志工培訓：2021 年執行企業 CSR 專案，培訓30位輔具維修志工出隊至養護中心或教養院服務。

https://www.warmthings.com.tw/

#第三屆　#SDG3

開發應用程式加速評估過程

窩新生活照護從自身的服務經驗出發，看見了輔具選擇對於身障者、年長者甚至照護者生活上的影響，除了運用專業協助需要的人找到最適合自己的好幫手，讓資源更適切的用在每個最合適的地方，更從科技的發展中，挖掘到更多的可能性，運用擴增實境（AR）技術開發應用程式，希望協助治療師可以在現場即時確認輔具與客戶家中空間的適配程度，縮短進行評估的過程，讓需要的人減少漫長的等待，儘早找到適合的輔具協助。

作為全臺灣第一間輔具專業服務社會企業，窩新生活照護期望藉由專業治療師建立的商業模式，讓輔具的資源能夠更適切的用在每個最合適的地方，提升民眾的照護品質，以及照顧者自己的生活品質。

> 「治療師與技師駐點提供輔具服務，讓照護更放心，讓輔具更溫暖！」
> ——窩新生活照護

黃金圈分析
- WHY
- HOW
- WHAT

● 民眾都可以使用正確的輔具，減少更多醫療上的支出

● 一站式平臺及結合治療師與維修技師的專業諮詢服務

● 專業輔具適配服務：治療師到府評估輔具的適配性，並於現場做輔具教學，減少使用錯誤造成二次傷害
● 客製化輔具服務：個人／企業團體提出特定用途輔具，由窩新團隊協助其設計，產出客製化輔具
● 企業課程設計：針對企業／非營利組織設計課程，如協助企業輔導輔具維修志工，認證通過後出隊協助養護中心或教養院的輔具保養維修
● 輔具清潔維修保養

趨勢六：醫療創新 專家點評

用愛心與耐心填補醫療空白帶

文｜黃國峯・政治大學EMBA執行長

Covid-19改變了人類許多生活方式，尤其是醫療部分，讓大家更瞭解醫療資源不平均的事實，所以許多新創團隊針對醫療資源分配不均之痛點，提出不同的解決方案，Fun大視野計畫中，台灣行動兒童療育協會、健康盟、窩新生活照護等也是針對醫療創新的團隊。

臺灣醫療量能應該算是世界前幾名優秀的國家，但仍然有些地區或特殊人士欠缺妥善醫療照護或資訊，這就仰賴這些新創團隊來填補空白帶。從事醫療相關事業，最需要的就是愛心與耐心，而資源稀缺的新創團隊更需要愛心與耐心才能生存下去。

由於這些團隊商業模式皆有地域特殊性，故接下來的成長方向是否能打破地域特殊性限制，成為一般通用的商業模式，才是這些新創團隊是否能永續經營之關鍵。此外，適度應用科技與整合相關利害關係人，也是團隊未來需要努力之方向。

從同理心出發護守健康

文｜顏博文，慈濟慈善事業基金會執行長

一九七〇年代，證嚴法師於慈善救貧過程中發現「貧因病起，病由貧生」，思索生命尊嚴應平等無異，故以延續佛教慈悲精神為立基，創建慈濟醫療體系，一九七九年於花蓮發起建設醫院，一九八六年慈濟醫院落成，至今慈濟醫療志業在臺灣有八家慈濟醫院，以「守護生命、守護健康、守護愛」為使命。為實現「以人為本、視病如親」的人文醫療理念，證嚴法師更創辦慈濟教育志業培育專業醫護人才。

慈濟醫療志業的專業醫護團隊除了在醫院內的專業救護，更與慈善志業以及「慈濟人醫會」相輔相成，平日在臺灣投入義診往診，照顧社區健康；在慈濟國際賑災中更走到前線，為災民救病解急。

在青年公益團隊中，「台灣行動兒童療育協會」專注在早療領域，前往偏鄉協助家庭和社區；「健康盟」看見衛教的重要性，並以淺顯「秒懂」的衛教影音動畫串接醫病溝通；「窩新生活照護」以同理方式協助需求者適配輔具，透過醫療專業持續科技開發，優化治療師的使用系統，縮減行政與器材的評估時間。

醫療專業需要以同理心，用心的理解患者需求，進而「拔苦予樂」，期待青年團隊持續於專業領域中發展社會影響力。

第3部
全球社會創新趨勢:國際精彩案例

世界各地的青年如何透過創新的商業模式
來解決社會問題呢?
在此同樣從社會關懷、人文教育、地方創生、環境永續、
循環經濟、醫療創新等6大面向,
精選12組國際案例,
帶你縱覽全球社會創新的現在進行式。

前言
百花齊放的青年社會創新

在聯合國十七項永續發展目標引領下，全球各地都有青年朋友們以其善、創意與行動力，持續透過創新的商業模式來回應當下最急迫的社會問題。在這一章，我們精選十二組來自荷蘭、美國、澳洲、印度等地的國際案例，看看不同國家的青年如何將社會創新的能量扎實落地。

環境永續一直以來都是討論度很高的議題。生產植物性乳酪的 Willicroft 是歐洲第一家獲得 B 型企業的乳酪品牌，幫助乳酪生產擺脫排碳大戶的標籤；TerraCycle 則發想出廢棄物回收平臺，專門回收不可回收的廢棄物。

循環經濟被各國政府納入永續目標，且許多民間單位更早就應用在營運模式上。Plastic Bank 再製塑膠垃圾販售給製造商，還同時幫助發展中國家的貧困人民；Chicago Tool Library 以「重視使用權甚於所有權」的共享模式經營，讓會員不需要購買昂貴的工具也能租借使用。

人文教育對年輕世代影響深遠。Kalam Labs 運用遊戲直播的方式教導學童科學新知，讓生澀的課本理論變成有趣的遊戲與引導互動。KaiPod Learning 的遠距學習搭配實體學小組與引導教練，提供學員客製化的教育服務。

有許多組織則是希望為弱勢族群盡一份力，實踐社會正義。She'Kab 專門為婦女提供安全的乘車服務，讓巴基斯坦女性可以不用擔心上下班的過程受到騷擾；Orange Sky 提供澳洲無家者免費熱水淋浴和洗衣服務，創造出一個真誠、不批判的溝通環境。

而隨著都市的快速發展，城鄉差距嚴重失衡。SALASUSU 的手作工廠給予柬埔寨鄉村婦女工作機會，也建立生活支持系統賦能女性實踐自我價值；CROWDE 的目標是打造小農 P2P 融資平臺，協助印尼農民購置所需設備材料，提升他們的生活水平。

與此同時，當人均壽命不斷創新高，當代醫療需求比起過往也更加龐大、精緻。HeartGenetics 嘗試解讀人體基因密碼，藉由機器學習與數據分析提供客製化飲食指南；叮噹快藥實體藥房與線上問診雙管齊下，主打二十八分鐘送藥到府服務，自建一條龍醫療平臺。

與國際同步，朝向永續共好

而在臺灣的慈濟慈善基金會，則以「大愛」為核心價值，跨出臺灣，也跨越政治、種族、宗教、國界、膚色等領域區隔，發展為具國際宏觀視野的全方位人道關懷組

織。早在一九九一年，我們就投入國際賑災，迄今已援助一百三十三個國家地區（統計至二○二四年四月）。

慈濟的救援行動橫跨歐、美、亞、非、大洋洲等五大洲，並分別在國際事務參與、國際難民關懷與國際災難援助等三大領域中持續耕耘。在二○○三年即獲聯合國肯定，成為國際非政府組織（INGO）慈善團體的一員。

證嚴法師說「災民是一時的災難，不是一世的落難。」

因此，我們更在意急難救助後續進行的生活及生計恢復；人道救援排除當地志工與志同道合的臺商外，我們也積極邀請當地的民眾共同為自己的家鄉盡力，因而開枝散葉，讓慈濟志工成為善的種子，深植在當地，以「取之於當地、用之於當地」慈善永續發展模式，在當地募款當地使用，進而在該國濟貧扶弱，並帶動當地鄉親共同付出、重建家園。

慈濟的國際救援模式在經過多年的運作試煉後確立，只要眼睛看得到、腳走得到的災區，援助行動即依循「直接、重點、尊重、務實、感恩、及時」等原則進行，並衍生出四種形式：「由慈濟基金會一貫執行」、「透過與信譽卓著的國際慈善組織合作」、「臺灣慈濟本會與海外慈濟據點合力完成」或「由海外慈濟人取之當地用之當地」，另外也以三階段救災工作推進，從「安心」到「安身」的大愛屋興建，到「安生」的希望工程與長期關懷，奠定了慈濟災難救援工作完整的模式。

在全球在地化（Glocalization）的策略推動下，慈濟慈善基金會積極參與十六個聯合國組織及平臺會議，並連結超過二十個國際救援組織。透過這些信譽優良的慈善、宗教和人道救援組織合作夥伴，在政治、經濟和疫情阻隔等複雜狀況下，援助行動仍皆能快速有效地完成。在二○二三年，慈濟的國際扶困行動、防疫援助、難民關懷、教育助學、災害救助與重建、醫療義診與補助等慈善工作，遍及全球五十一個國家地區。

隨著氣候變遷與自然災害頻繁發生，全球經濟和社會發展遭受重大影響。其中糧食危機、水資源短缺、空氣污染以及廢物管理不善等環境問題不斷加劇，對當地居民生活造成巨大的威脅。為了應對這些挑戰，慈濟慈善基金會致力於慈善創新和跨界合作，並與國際慈善組織密切合作，進行各項人道救援工作。我們的目標是緩解受災社區所面臨的壓力，提供必要的物資和資源，並協助他們重建家園，面對各個國家地區不同的挑戰，我們除運用已知的成功經驗外，更是需要擴大學習範圍，以增加我們的創新量能，以應對愈來愈嚴峻的環境挑戰；而聯合國揭櫫的二○三○年全球永續發展的十七項共同目標 SDGs，就是很有意義的課綱。

在聯合國十七項永續發展目標引領下，全球各地積極響應。接下來，就讓我們帶你縱覽這些正在世界不同角落發生的創新行動，共同朝永續共好的願景努力。

趨勢一：社會關懷　#性別平權

1 巴基斯坦——She`Kab

訂閱制共乘汽車服務，婦女安心出行更享自主

善用自己的幸運造福更多女性

Hira Batool Rizvi 出生於書香世家，不論男女，家人相當重視孩子的教育與成長，在女性權益不被重視的巴基斯坦，這是 Hira 的幸運，而她也善用這份幸運造福更多女性。

開始工作後，Rizvi 發現不同產業的女性都有相似的困境，職業婦女通勤支出佔收入高達四十％，而男性僅佔七％，且有半數女性曾通報在公共運輸工具上遭到性騷擾，許多女性上班族因此選擇放棄工作。

在美國喬治亞理工學院攻讀碩士期間，Rizvi 從共享汽車平臺 Uber 與 Lyft 獲得啟發，決定將共享汽車服務引進巴基斯坦，希望改善全國一千七百萬女性每天上下班交通的不便。

二○一五年她回國創立 She`Kab，考量文化與宗教因素，Rizvi 意識到完全複製外國的營運模式不符合現實，因此推出女性專屬的訂閱制共乘服務，將有通勤需求的女性媒合通過審核的司機，只要是訂閱用戶，每個工作日都可以使用兩次叫車服務，不再需要擔心通勤問題。She`Kab 希望透過提供可靠、可信賴、可負擔的運輸服務，改變巴基斯坦女性旅行的方式，進而幫助她們充分展現自我價值並發揮潛力。

共乘服務讓安全出行不再是一種奢侈

當 She`Kab 用戶使用服務時，先輸入自己上車與下車的地點，接著系統會配對附近的司機並估算所需的費用，同時運用演算法大幅縮短行程時間。用戶也可以決定是否要跟其他人共乘，好處是可以分擔費用並在路途上認識更多朋友。

上：女性汽車擁有權也是 She`Kab 創辦人 Hira Batool Rizvi（中）與團隊夥伴關注的議題。下：She`Kab 為巴基斯坦女性提供可信賴、可負擔的計程車運輸服務。圖片來源│Moneycontrol 網站

148

She`Kab 是女性專屬的訂閱制共乘服務。圖片來源｜Moneycontrol 網站

司機的部分，She`Kab 原本打算招募女性司機，後來發現太過一廂情願，才決定開放男性司機申請。所有司機在加入 She`Kab 之前需要經過多重驗證和審查過程，並完成一系列有關於性別意識的培訓。

就讀大學的 She`Kab 用戶 Masooma Zehra 分享，她的父母非常重視安全性，如果通勤的風險太高，她就不會被允許去上學。

She`Kab 不僅想讓更多女性可以安全地出行，還有更長遠的目標：讓女性自己擁有汽車！在四千多名司機中，有約二十％是女性，未來希望可以持續提升女性司機比例。

擔任 She`Kab 司機超過一年的 Hamid Raja 為企業願景感到自豪，他說，女性是社會的一部分，我們不能再讓她們待在家裡，安全的交通可以協助她們在職場上更好地創造價值。

對生活的自主權將改變命運

目前，She`Kab 的主要營運範圍在巴基斯坦首都區，有三十萬名婦女需要這樣的服務，團隊希望和現有計程車網絡合作，繼續擴大車隊規模和用戶數。

另一方面，女性的汽車擁有權仍然是重要議題，She`Kab 正在測試一項不需要任何抵押品和預付款的汽車貸款計畫，期待提高更多女性車主數量。

Rizvi 提到，若能賦予婦女更多選擇的能力並達成經濟獨立，她們將能夠掌握自己的命運，改善生活品質。

「永遠不要停止夢想、想像、成長以及付出貢獻。」
——Hira Batool Rizvi

團隊小檔案
She`Kab

- 由 Hira Batool Rizvi 於 2015 年在巴基斯坦成立，透過提供訂閱制的共乘汽車服務為職業婦女提供更安全可靠的交通選擇。
- 2020 年營運範圍拓展到四個城市，有超過 6000 名女性註冊用戶，每月訂閱費介於 5000 到 9000 巴基斯坦盧比（約台幣 1000 元），相比其他叫車服務便宜四倍。
- https://www.shekab.com/
#SDG5　#SDG10

趨勢一：社會關懷　#消除貧窮　#去標籤化

2 澳洲——Orange Sky

無家者行動洗衣服務，照顧衛生更創造真誠交流

青年開洗衣車改善無家者衛生品質

根據二〇二一年七月澳洲昆士蘭銀行部落格上的一篇報導，該國的無家者數量在過去五年內增加了十三·七％。每天晚上，超過十一萬六千人露宿街頭或沒有屬於自己的家，每兩百個人就有一位無家者。對這些人來說，清洗衣服或享受熱水澡這些看似稀鬆平常的事都是一種挑戰。而 Orange Sky 的出現，為這個難題找到解方。

二〇一四年，兩位二十歲的青年 Nic Marchesi 和 Lucas Patchett 在布里斯本實踐了一個想法：在他們的舊廂型車後面安裝洗衣機和烘乾機，並到公園免費幫無家者清洗衣服。兩人在學生時期就成為好朋友。在此之前，他們都曾在學校為無家者提供的早餐車做過志工。對當時還是高中生的 Marchesi 和 Patchett 來說，看到居然有人就在幾公里外的公園長椅上睡覺令他們大感震驚。

「幫助那些生活困難的人的過程中，我意識到過去我所享有的特權。這讓我了解全澳洲有十多萬人生活艱難，它給了我幫助無家者的動力。」

六張椅子塑造安全積極的對話空間

Orange Sky 透過定期的洗衣和淋浴服務，為無家者提供一個平臺連結彼此，團隊希望為那些經常被忽視或與社區脫節的人創造一個安全、積極和支持的環境。

一旦團隊在一個地區建立了服務據點後，就會在每週的同一時間，在相同的地點派出志工前往。洗衣車每小時能清洗四十公斤衣物，每週可以完成十三·二四噸的洗滌工作；淋浴車則每次可以提供十五至二十人清潔身體。

因為都有配備車載水箱和發電機，所以每輛車都能夠在任何地方獨立運作，不需要外部的水電。

儘管衛生的衣

Orange Sky 的行動服務為無家者和社區提供了一個彼此連結的平臺。圖片來源｜AICD 網站

150

服和乾淨的身體很重要，但在等候衣服清洗完畢的過程才是真正創造價值的時機。每臺車上都配置六把橙色椅子，志工會邀請等待中的無家者朋友一起坐下聊聊，有時聊到週末的球賽。不管是什麼話題，都是為一個在社會上辛苦求生存的人提供回到社區的正向連結。

Orange Sky 的社會影響力不僅建立在洗衣機的旋轉或烘乾機的翻滾上，還有每天一千餘位志工和無家者朋友的真誠對話交流。一旦志工與無家者建立緊密的關係，要將無家者與社會服務組織串連在一起就更容易，可以與其他夥伴組織像是食物銀行或庇護所協力改善無家者的生活狀況。

一位無家者 Crystal 說：「這些志工不帶任何批判與審視的眼光，他們來到這裡幫助我們重新站起來，幫助我們恢復正常生活。」

支持更多無家者重新站起來

Orange Sky 的收入來源主要來自民眾捐款、企業與私人贊助以及政府補助。自二〇一九年起，每年都會舉辦募款活動 The Sudsy Challenge，號召民眾捐款並穿上 Orange Sky 的 T 恤走上街頭，跨出舒適圈，聆聽無家者的故事並翻轉污名化的標籤。

Sudsy 源自 Marches 和 Patchett 第一輛洗衣車的名字，當時兩人在街頭遇到一位無家者，也是第一位使用免費洗衣服務的人 Jordan。在與 Jordan 聊天的過程，兩人才發現原來無家者背後有那麼多的故事值得探索，拋開無家者這個身分後，其實各自都有自己的生活。比起洗了多少噸衣服，他們認為花了多少時間和無家者交流連結才是更重要的衡量指標。

團隊目標設定為二〇二五年服務人數成長三倍、支持超過四萬位無家者，同時持續開發多元化的收入來源。這意味著將有更多人得到幫助、更多志工參與其中，以及最重要的，更多真誠、包容、不批判的對話在社會各個角落發生。

「我們偶然做了一項世界首創的事，它連結了社區，減少了疾病的傳播，但最重要也最簡單的是，我們正在改善其他人的生活。」

——Nic Marchesi

> **團隊小檔案**
> **Orange Sky**
>
> ・由 Nic Marchesi 及 Lucas Patchett 於 2014 年在澳洲創辦，是世界上第一個為無家者提供免費行動洗衣服務的非營利組織。目前有 56 位全職員工，2021 年盈餘達 180 萬美金。
> ・組織使命是透過向澳洲各地無家者提供免費的熱水淋浴和洗衣服務來連接社群。迄今已協助清洗超過 190 萬公斤的衣物，提供 2 萬次淋浴和 33 萬小時與無家者的真誠對話，服務範圍遍及紐澳 30 餘個城市。
> ・https://orangesky.org.au/
>   #SDG1 #SDG6 #SDG10

151 ── 趨勢一：社會關懷 | #消除貧窮 #去標籤化

趨勢二：人文教育　#優質教育　#翻轉學習

3 印度——Kalam Labs

用遊戲翻轉兒童科學教育，創造沉浸式、高互動線上教學

用遊戲打造科學元宇宙

近幾年線上學習越來越受到注目，新冠疫情爆發後更扮演著各個老師繼續授課的關鍵。在二〇一六到二〇二一年之間，YouTube 上的兒童科學教育類頻道累積了二百五十億觀看數與五千萬訂閱者，多數集中在疫情爆發後，顯示遠距學習已成為學生們的新常態。

三位印度大學生 Harshit Awasthi、Ahmad Faraaz、Sashakt Tripathi 看準這波趨勢，二〇二一年投入遊戲教育產業創立 Kalam Labs，立志打造出「科學元宇宙」（Metaverse for Science），期待透過遊戲互動點燃學生對於世界的好奇，累積自然科學知識。

他們早在大二時就和印度國家教育研究與培訓理事會（NCERT）合作開發出 e-Pathshala AR，透過 AR（擴增實境）技術只要將手機對準課本，就會有 AR 圖像跟學生互動。也是在 NCERT 工作的期間他們發現，小孩充滿著對未知的好奇，腦袋裡總有十萬個為什麼，為什麼天空是藍的？黑洞裡有什麼東西？然而，傳統教育方式要求學生們坐在座位看著老師在黑板上單向地講授知識，這不禁讓三位創辦人思考，學生想要的、需要的究竟會是什麼？

結果發現原來學生都在玩 Roblox 與 Minecraft 遊戲，用類似磚塊的虛擬物件打造屬於自己的世界。這讓他們靈光乍現：或許我們也可以用遊戲直播幫助小孩學習自然科學。他們很快地打造 MVP 驗證市場，並在幾天內賺得一千元

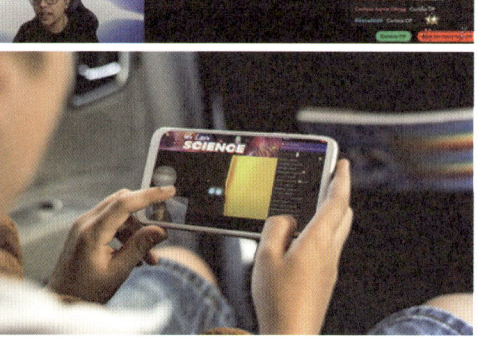

上：Kalam Labs 的互動學習融合多人玩家遊戲與串流直播。下：在 Kalam Labs 的世界中，孩子的學習不再受時空限制。圖片來源｜VentureBeat 網站

152

美金的收入，這讓他們相信，這個市場有足夠的成長潛力。

天天開直播帶領學童互動學習

站在當今教育領域三個最重要趨勢的交界點——教育內容的數位化、學習型社群的建立以及共學課程的興起，Kalam Labs 融合多人玩家遊戲與串流直播，讓學生和虛擬環境與教師互動學習自然科學知識。

團隊每天都會在 App 中舉辦科學主題遊戲直播，如探索黑洞、登陸火星和恐龍。與 Twitch 及 YouTube 上一般直播不同的是，不只教師可以分享自己的遊戲畫面，學童們也可以同步和教師一起玩遊戲。

此外，聊天室有自動回答功能，當老師拋出問題時，孩子們不需要輸入整個文字內容，只要點擊系統提供的選項，就可以傳達他們的想法。這項功能廣受孩子們歡迎，造就了非常高的課堂參與度。在 Kalam Labs 的世界中，孩子不再被時空限制，即便是偏遠地區的學童依然能夠沉浸在科學知識中，與其他同學、老師一起透過遊戲來學習新的課題。

自二○二一年六月發布產品測試版後，Kalam Labs 迅速取得階段性的成功，在 YouTube 上已經擁有近一萬一千位訂閱者，App 與 YouTube 加起來共有一千四百位付費訂閱用戶，靠著在學生社群裡的互相推薦，每週維持五十％的高成長速度。

小蝦米與大鯨魚的對抗正要開始

Kalam Labs 的遊戲直播平臺成立還不到兩年，從公開素材來看，其遊戲品質與趣味性相較 Roblox 或 Minecraft 還有些落差，雖然主打沉浸式教學環境與高互動教學，但印度本土也有像 Byju's、StayQrious 等教育科技公司，同樣致力於幫助印度學童跨越城鄉差距並用有趣的方式學習，其中 Byju's 更是市值超過百億美元的巨頭。

面對其他類似產品的競爭，Kalam Labs 將繼續開發自家遊戲直播平臺，並深化技術儲備以和競品達到差異化，進而搶占更多市場份額。

> 「教育正在經歷一場世代變革，我們打算走在最前線，建構能夠加速這場轉變的產品。」
>
> ── Ahmad Faraaz

團隊小檔案
Kalam Labs

- 由 Harshit Awasthi、Ahmad Faraaz、Sashakt Tripathi 三位印度大學生於 2021 年創立的教育遊戲公司。透過遊戲直播的方式，幫助 6 至 14 歲學童培養 STEM 領域知識與技能。
- 採用訂閱制作為主要商業模式，3 個月會員需要 25 塊美金，目前有超過 1400 位付費訂閱者，已服務超過 30 萬人次。
- https://www.kalamlabs.in/，https://www.youtube.com/c/KalamLabs

#SDG4

趨勢二：人文教育 ｜ #優質教育 #翻轉學習

趨勢二：人文教育　#優質教育　#學習小組

4　美國──KaiPod Learning

打造靈活的學習小組模式，實體交流為線上教育加分

線上學習成為家長的挑戰

大疫情時代下，許多學校停課或是轉為線上授課，有些家長則選擇讓小孩註冊學習小組（Learning Pod），透過小班制教學提高學習效果。根據 Tyton Partners 的資料，全美國有一百五十萬學童在微型學校或是學習小組裡學習。

過去十五年中，Amar Kumar 曾擔任過學校老師及校長，在創辦 KaiPod Learning（以下簡稱 KaiPod）之前，他是全球最大教育集團培生（Pearson）的首席產品長，相當熟悉線上教育模式與用戶痛點。他觀察到，學生因為缺乏與其他同儕的互動以及老師即時的回饋引導，其實很難適應整天的線上學校。許多家長一方面要承擔父母的角色，另一方面又要扛起老師的功能，縱然線上教育讓學童在任何地方都可以獲得高品質教育，但隨著時間流逝，很多家庭還是不堪負荷，只得放棄。

Kumar 還發現，學習小組模式可以很好地補足線上學習的缺失。然而，因為培生集團主要業務是製作課程內容而非經營學習機構，於是他決定辭去工作，創立 KaiPod 來解決這個問題。

於 KaiPod 註冊的學生都有依個人需求設計的客製化課表。圖片來源｜Forbes 網站

學習教練滿足孩童差別化需求

KaiPod 主要服務國小四年級到高三的孩子，每個學習小組依照年齡、修習的線上課程、興趣等條件匹配八至十位學生，在專門的學習教練帶領下一起學習、合作和交流。學習教練都擔任過學校老師，具有豐富的課堂教學經驗，負責跟進每個學生線上課程的學習狀況，根據學生的需求、興趣和目標設計客製化課表，確保學生在學習中心的每一天都獲得充分的支持。

Kumar 說，不是所有同齡的孩子都要在同一時間學習相同的東西。孩子們以無法預測的速度朝著未知的學習道路前進，作為教育工作者，應該要為他們提供更多的靈活性。

在 KaiPod，孩子們需要學會為自己設定目標，中心也提供藝術、音樂和程式語言等其他豐富活動，給予學生時間自由玩耍和獨立學習，不時會舉辦運動比賽凝聚同學友情，而且 KaiPod 不會指派任何回家作業，所有學業相關的任務都由教練陪伴在現場完成。

在為期四週的測試中，學生相當滿意 KaiPod 的教學方式，且學業進步顯著。十四歲的 Karinna Fairbanks 已經完成高中學業，正接觸大學課程，但渴望學習進階內容的同時，她仍想要跟同年齡同學互動，中心的學習彈性恰好滿足了她的需求。

KaiPod 現在提供每週兩天、三天或五天的學習方案讓家長自由選擇。根據官網顯示，目前一年的學費最高是七千九百二十美金，遠低於私立國中的學費。

現在的努力是為了下一代

學習小組兼顧線上學習的優點，同時也彌補了無法面對面交流的缺點，這或許解釋了為什麼疫情後大量家庭選擇讓孩子離開傳統學校，轉而註冊此類微型學校。

但即便 KaiPod 的學費低於傳統學校，將註冊線上學習的費用考量進去後，如何讓更多家庭都能獲得相同的學習體驗，將會是他們的下一個挑戰。

作為一名父親，Kumar 承諾要讓 KaiPod 變得更個人化、更彈性。他所做的這一切都是為了將來自己的孩子接受教育時，能得到充分的支持、遇到最好的朋友，並能培養未來所需的技能。

> 「每個人應該都有機會進入能支持孩子需求和興趣的好學校」
> ——Amar Kumar

團隊小檔案
KaiPod Learning

- 由 Amar Kumar 於 2021 年在美國創辦的微型學校平臺，為遠端學習或在家自學的學童提供實體交流空間與學習教練，提升孩子學習效果與人際關係。
- 前在美國 5 個州設有 10 個駐點。
- https://www.kaipodlearning.com/ #SDG4

趨勢三：地方創生　#消除貧窮　#小額貸款

5 印尼——CROWDE

創建小農P2P融資平臺，打破務農資金與信貸瓶頸

破產青農創融資平臺助小農

印尼以農立國，全國三十八％勞動力從事農業相關工作，但諷刺的是，印尼政府不斷將小田地合併成工業化大農地，小農權益長期受到忽略。此外，為追求更好的收入與生活，農村人口不斷往都市移動，鮮少青年願意投入農業，八十％的農民年齡在四十歲以上。雖然有豐厚的人口紅利與土地資源，印尼農業發展卻仍舊卡在瓶頸，每年須進口三百萬噸稻米，糧食安全一直是待當局處理的重要議題。

生長於大都市的Yohanes Sugihtononugroho從高中開始就對農業深感興趣，曾前往農村觀察農夫的生活，成年後在Mogor地區靠種植辣椒和

CROWDE希望從借貸、技術及銷售層面來改善印尼小農生活。圖片來源｜Bisnis網站

蘑菇維生，很享受照料作物的每一個環節並充滿熱情。然而，這樣的生活無法為他帶來足夠的收入，個人財務每況愈下，不久就宣告破產。

破產後的他意識到許多農民生活在貧窮線下，連帶抑制了印尼的農業繁榮。在印尼，七十八％的農民因為不符合銀行放貸的要求無法跟銀行借貸，高利貸與錢莊的利息又高得嚇人，所以缺乏足夠資金購買生產設備與材料，農產品收入無法增長，形成廣大小農的惡性循環。

因此，Sugihtononugroho決定和朋友Muhammad Risyad Ganis創辦專注於農業的金融科技公司CROWDE，希望提升印尼農民生活水準，藉由建立P2P融資平臺串連大眾投資者與農民，通過技術整合從供應商到客戶的農業生態系，並提供農地經營諮詢。民眾投資者可以線上投入最低一美元的資金，支持不同農業投資項目，一旦作物收穫，投資者就可以獲得利潤的一部分。

從眾籌模式轉向機構貸款

公司現在主要聚焦在辣椒、玉米和水稻項目上，農民

團隊小檔案
CROWDE

- 由 Yohanes Sugihtononugroho 與 Muhammad Risyad Ganis 在 2015 年 9 月共同創立的金融科技公司，目標是打造小農 P2P 融資平臺，透過技術整合農民、糧食供應商與投資人，幫助印尼小農提升生活水平及創造就業機會。
- CROWDE 總貸款金額已達 2500 億印尼盾（約 5 億新臺幣），有 34000 名小農受益，是印尼第三大金融科技貸款平臺，於 2021 年 10 月完成 900 萬美金 B 輪募資。
- https://crowde.co/

#SDG1、#SDG2、#SDG8

可以向 CROWDE 提交融資請求，註明要種植的作物、耕作經驗，接著，CROWDE 會評估該項目的風險、農民經歷和業務合法性來決定是否放款。

一開始貸款採現金發放，但後來發現有些農民拿到貸款會改運用在私人用途，於是團隊轉而和農產品商店合作，農民在購買種子、化肥時可以選擇 CROWDE 的信貸服務。如此一來，農民既獲得資金支援，公司又能控制貸款風險，農民有了多餘的閒置資金還可以選擇通過平臺放貸給其他農民，賺取利息收入。農民可直接向 CROWDE 出售他們的作物來償還貸款，再由 CROWDE 將產品賣給大宗買家。公司宣稱放款人可以預期在專案開始後九十天內收回九成的本金。

自二〇一九年開始，CROWDE 從最初的眾籌模式轉向機構貸款。因為群眾募資速度不夠快，無法為農業專案提供及時融資，而且農業計畫往往具有時間敏感性，作物需要在一定時節種下，否則時間一過，氣候、土壤條件就不適合了。

截至二〇二一年十月，機構貸款人可以期望獲得 6% 至 18% 的報酬，平均貸款規模為三千三百三十萬印尼盾（約新臺幣六萬五千元），不良貸款率為 2.11%。農民在獲得資金後，每月收入從原本的五十美金成長三倍為一百五十美金。

重新建立農民信任是首要任務

CROWDE 現階段遇到的最大挑戰是取得農民的信任。過去有許多團隊來到農村地區，聲稱想要協助農民改善生活，但往往無疾而終。另一個挑戰則是農民不熟悉科技和數位平臺，無形中也造成到平臺上借貸的門檻。

目前，印尼有超過三千五百萬位農民，團隊希望未來三年內可以幫助三百萬位農民，從借貸、技術以及銷售層面為當地農業生態系盡一份心力，改善農夫經濟水平，進而帶動印尼農業的革命，穩定糧食安全。

「我認為農民的營運資金是個大問題，這是之所以將 CROWDE 打造成一個群眾投資平臺的原因，它讓農民能透過各種計畫向眾籌投資人募集營運資金。」

——Yohanes Sugihtononugroho

趨勢三：地方創生　#女性賦權　#消除貧窮

6 柬埔寨——SALASUSU
手作工廠兼學校，賦能婦女活出自我價值

社區工廠兼學校助婦女脫貧

根據Cambodian Socio-Economic Survey的調查，二○一二年柬埔寨有四十九％的勞動人口未取得小學學歷。在鄉村地區，許多年輕女孩因家庭因素被迫輟學養家糊口，不僅造成識字能力下降，更妨礙她們培養自信、人際關係等軟實力，導致難以找到穩定工作。

於柬埔寨當地培訓婦女手作編織技能的SALASUSU，故事要從共同創辦人青木健太開始說起。大學時他因為社團與同學做研究的關係，發現柬埔寨人口販賣情況非常嚴重，於是創立了非營利組織Kamonohashi Project（SALASUSU的前身），希望為改變人口販運及兒少性剝削出力。計畫在二○○四年啟動，一開始他們為孤兒院兒童提供資訊教育，在與當地人逐步建立信任也更了解社區需求後，進一步培訓年輕婦女手作編織技能，同時培養她們獨立自主能力，在二○○六年於柬埔寨第二大都市暹粒建立手作工廠。

起初，整座工廠由竹子和棕櫚葉搭建而成，廠內只有十四位手作者，月營收僅五百美金。有些婦女為了更高的薪水選擇離開，但離開後卻無法獲得穩定的收入。

為了解決這個困難，SALASUSU籌備一系列不同的員工培訓，同一時間，團隊努力改善產品品質與生產模式。經調整之後，單單一天的營收就超過原本一個月的營收。

在柬文中，「SALA」代表學校，「SUSU」代表加油。SALASUSU這個由日本人創立的社會企業，現在專注於提供柬埔寨十六至二十四歲弱勢婦女專業技能、軟實力培訓，不單單只是提供她們工作機會，更力求翻轉過去貧困家庭難逃階級複製的悲劇。

超越金錢價值的賦能與福利

SALASUSU的手作者薪資略高於務農，但不會高於在工廠或是市區當工人，之所以依然能吸引許多婦女前往，在於為員工提供的各種培訓與福利。像是婦女不用花費一到兩小時舟車勞頓到城市，可以就近在村落附近工作。公司也提供育幼服務，為人母的手作者可以帶小孩來工作，上班時間有專人輪流照顧，讓媽媽可以無後顧之憂地上工。

為達到賦能婦女的目標，SALASUSU設計了為期兩年的軟實力課程，每週三次，課程包含問題解決、基礎柬文、

團隊小檔案
SALASUSU

- 由青木健太和夥伴於 2004 年在柬埔寨成立的社會企業，創立工廠兼學校，透過手作編織培訓偏鄉婦女專業技能，同時也提供生活技能課程賦能婦女，培養當地女性獨立自主能力。
- 至今已有超過 150 位手作者接受軟實力技能培訓，幫助 600 多位婦女達到財務獨立。畢業後，每位手作者薪資是鄉村平均收入的 4 倍。
- https://www.school.salasusu.com/

#SDG1、#SDG5

人際關係等六個面向。公司還提供理財規劃課程，讓婦女們不只能賺錢，還懂得如何管理金錢。

在偏鄉地區，家中有人生病時，對家庭都將是一筆財務負擔，如果沒有足夠的預備金，多數人只能借錢應急，可能就此陷入債務循環。所以，工廠每天都會從手作者的薪資中提撥〇・二五美金到她們的儲蓄帳戶，幫助婦女在意外發生時有一定的應對能力。

然而，即便有這麼完善的婦女支持系統，SALASUSU 並不期待弱勢婦女一直待在工廠裡，而是要求兩年時間一到就得「畢業」，接著透過職涯輔導與企業媒合找到人生下一春。

出身貧困的 Kamsoth Mao 十九歲從工廠畢業後就進入 SALASUSU 辦公室，克服了語言溝通與自信心不足的挑戰，後來加入餐飲公司成為運營主管，從不會操作 Excel 到能獨

SALASUSU 創辦人青木健太（左）在柬埔寨建立起工廠兼學校的婦女支持系統。圖片來源｜SALASUSU 官網

趨勢三：地方創生　＃女性賦權　＃消除貧窮

立完成財務月報，在 SALASUSU 的學習讓她有能力創造自己的未來。

真正讓弱勢婦女翻轉階級的不是金錢，而是專業知識與生活技能，更重要的是，找到自己的夢想並實踐自我價值。

發揮影響力造就圓夢機會

SALASUSU 至今已有超過一百五十位手作者接受軟實力技能培訓，幫助六百多位婦女達到財務獨立。畢業後，每位手作者薪資是鄉村平均收入的四倍。

最初是年輕的熱血促使青木健太來到柬埔寨，但持續推動他前進的動力是看到當地人因為能力提升而得以實現夢想。他表示，他始終相信大部分沒有完成夢想的人，是因為沒有機會，一旦擁有資源，他們可以做得和其他人一樣好，甚至更好。

當然，市場不會因為 SALASUSU 是社會企業而給予特別待遇，他們的產品一樣要面對其他手工藝商家的競爭並符合消費者喜好。由於中國是最大的觀光客來源國，未來他們將持續加強華文遊客的購買意願，並嘗試將產品引進日本。

「我認為無法實現夢想的人，往往是因為沒有賦予他們機會。」

—— 青木健太

講究精良的產品設計和品質讓 SALASUSU 保有品牌競爭力。圖片來源｜SALASUSU 粉絲專頁

160

7 美國 — TerraCycle

資源循環的商業創新，聯手品牌化廢成金做公益

紅蚯蚓啟發循環創新的創業夢

Tom Szaky 出生於匈牙利，自從來到美國後，他一直對創業深感興趣，並將商業視為變革社會的工具。二〇〇一年在普林斯頓大學就讀時，他和同學受到紅蚯蚓的啟發而誕生了創業想法：將廚餘轉化為高營養價值的肥料以根除食物浪費。儘管 TerraCycle 創辦初期困難重重，但都被 Tom 一一克服。兩年後，他選擇輟學全職投入公司的經營，並將製作出來的肥料成功販賣給沃爾瑪（Walmart）與家得寶（Home Depot）。

後來，Szaky 將業務軸轉往產品包裝處理，由 TerraCycle 為廠商的包裝建立回收點，並在二〇〇七年獲得第一批品牌合作夥伴支持，進一步建立起封閉式的資源循環系統。

企業的「循環創新」理念也體現在辦公室選址上。總部座落在紐澤西州首府翠登（Trenton）的一處大型廢棄倉庫，重新整修後，邀請當地藝術家在牆壁上自由塗鴉，結果變成該州最大的城市藝術及嘻哈文化展示地，每年八月吸引許多畫家造訪創作。

捲動消費者和品牌回收做公益

如今，TerraCycle 已成為廢棄物回收領域的領導企業，主要業務有零廢棄物箱、品牌贊助回收計畫以及廢棄物轉型銷售。

透過官網或 Amazon 銷售的零廢棄物箱可用於收集特定廢棄物（如咖啡膠囊、塑膠手套），家庭、企業或學校根據自身需求訂購不同類型的箱子，箱子裝滿後再寄回 TerraCycle。盒子的定價取決於尺寸、重量、回收成本、回收材料的價值等因素，從九十三美金到一百七十五美金不等。

另一方面，品牌方也可以向 TerraCycle 申請自

TerraCycle 回收廢棄物將其轉化為有用的商品再加以販售。圖片來源｜RECYCLE NATION 網站

趨勢四：環境永續　#循環經濟

有品牌包裝盒服務，一旦成為贊助品牌後，任何民眾都可以註冊成為該品牌廢棄物的志願回收者，註冊後回收者會收到相關材料，然後自己選定放置回收盒的地點，並協助後續的寄送流程。作為回報，志願者將獲得慈善積分，這些積分可以再轉換為給指定機構的捐款。

過程中，贊助品牌將負擔一切運送回收、行銷推廣、慈善捐款的開支。對 TerraCycle 來說，這可以達成他們減少廢棄物的目標；對品牌方來說，他們實踐了 CSR 責任，並可獲得媒體曝光，目前已經有超過一百個品牌加入此贊助回收計畫。

這些廢棄物將被分類儲存在倉庫中，經過處理轉化為其他可利用材料，最後出售給產品製造公司，產品可能包括家具、運輸托盤、地板瓷磚等。

當企業變得不再重要就成功了

TerraCycle 已經營運廢棄物回收服務近二十年，Szaky 認為，回收固然重要，但是並無法解決製造垃圾、浪費資源的根本問題。因此二○二○年 TerraCycle 推出了 Loop 購物平臺，販售循環包材的產品並安排到府回收服務，與聯合利華、百事可樂、亨氏（Heinz）等各大國際品牌合作提供超過三百種產品，和一次性包裝相比，對環境的負面影響減少五十至七十五％。

然而，也有一些環保倡議者認為 TerraCycle 只不過是在幫其他公司漂綠，並無法真正促使這些國際品牌減少塑膠製品。

與 TerraCycle 合作的品牌願意花在贊助計畫上的金額有一定上限。當有過多民眾註冊志願者時，新的志願者就會被列入等待名單，直到品牌決定是否要投入更多經費。

即便社會上有不同的聲音，TerraCycle 過去累積的成果依然發揮了一定的影響力。迄今已有超過二億人在二十一個國家幫 TerraCycle 收集了數十億件廢棄物，為世界各地的慈善機構募集了超過四千四百萬美元（約合新臺幣十三億三千二百四十二萬元）。

Szaky 說，他最大的希望是更多人因此受到啟發，改變他們的日常消費模式，並減少伴隨而生的廢棄物。「我希望人們通過他們的日常消費使 TerraCycle 變得不再重要。」

「目標不是 TerraCycle 可以賺取多少利潤，而是我們可以產生多大的影響。」

——Tom Szaky

團隊小檔案
TerraCycle

・於 2001 年由 19 歲的 Tom Szaky 創立，致力於回收「不可回收」的廢棄物，將其轉化為有用的商品再加以販售。

・為廢棄物回收領域的領導企業，2020 年，在 21 個國家創造了超過 5000 萬美元的營收，全球員工人數增長了 33%，達到 380 人。

・https://www.terracycle.com/

#SDG12

趨勢四：環境永續　#永續農業　#動物福利

8 荷蘭——Willicroft

開發純素乳酪，倡議過渡性農業守護地球

愛護地球不用牛奶製乳酪

一九五七年，Brad Vanstone 的祖父母搬到英國德文郡，白手起家建立自己的農場，養活被二戰摧殘的英國人民，成為當地最受尊敬的農場之一。耳濡目染下，Vanstone 和姊姊常常接觸乳牛，每當假期到來總會去牧場幫忙，從小就被教育要關愛眾生、關愛環境。

當他長大後，他才了解到乳製品的生產過程會加速地球暖化，對大自然帶來不可逆的傷害。為了保護地球，二○一七年 Vanstone 改變飲食成為素食者，但在轉變的過程中他發現，市面上有許多肉及牛奶的替代品，唯獨乳酪沒有，價格既難以負擔，口味上也有很大落差。

因此，他結合對乳酪以及環境的熱情，決定自己在家中研發植物性乳酪，經過幾個月的研究，他對最終結果非常滿意，也看到了純素乳酪的市場商機。

二○一九年，Vanstone 在阿姆斯特丹開設第一家純素乳酪店 Willicroft，名字來自於祖父母創立的農場，並以「這不是乳酪」（This is Not Cheese）為口號，先後推出七種不同純植物性乳酪搭配沙拉、義大利麵、起士火鍋，迅速打

響名聲。

Willicroft 的產品現在可見於荷蘭、英國、比利時共超過八百五十家商店，他們同時提供送貨到府服務，當然，整個運輸過程都是使用可回收、可重複使用的包裝來降低環境負擔。

將牧場轉型為豆田引領新農業趨勢

號稱植物性的純素乳酪裡面到底含了哪些成分呢？

上：Willicroft 是歐洲第一個獲得 B 型企業認證的純植物性乳酪品牌。下：將酪農牧場改為豆類農地是 Willicroft 倡議的農業變革方案。
圖片來源｜The Vegan Review 網站

163 ──── 趨勢四：環境永續　｜　#永續農業　#動物福利

趨勢四：環境永續　#永續農業　#動物福利

根據 Willicroft 的官網，他們的乳酪以腰果、酵母、椰子油為主要成分，根據不同口味還會添加大豆、藜麥、腰果之所以能取代牛奶是因為其同樣富含脂肪與蛋白質。

Willicroft 使用來自西非可追溯產地的腰果，保障農民獲得公平的工資並提供當地婦女就業機會，在追求環境永續的同時也不忘社會公益。

然而經過評估，腰果也是目前公司最大碳排放的來源，因此，他們持續研發與腰果具相似營養價值的替代成分，在兼顧成本、風味、生長環境等條件下，他們發現豆科植物最有發展潛力。呼應此一發展方向，Willicroft 開始與政府、企業和農民合作，希望將牧場轉變為豆田，而 Willicroft 將收購這些豆品生產乳酪。在協助農民滿足經濟需求之餘，也轉向永續發展農業，並期待此一模式成為未來歐洲各國制定農業政策的方向。

這個被稱為過渡性農業的專案始於二〇二一年，以 Vanstone 家中的牧場作為第一個試驗點，將原先飼養乳牛的土地改種白豆，作為取代腰果製作純素乳酪的新主成分。

Willicroft 還觀察到，歐洲對於豆類植物的需求每年都在持續增長，其中絕大部分進口自歐盟外的地區；此外，荷蘭南部有高達八十％的小型農場預計將在接下來十年關閉，考量整體現況及趨勢發展，將酪農牧場改為豆類農地將大有可為，如果成功，過渡性農業就有機會迅速推廣至整個歐洲。

酪農業的變革來自於合作而非對抗

雖然 Vanstone 對此模式抱有高度信心，但他同時也認為需要更多的成功案例來說服農民相信這是可行的方案。目前接觸過的農民們大多對改變抱持開放的態度，不過仍需要時間思考，因為轉型必然帶來一段收入低谷期，要有辦法靠自己的力量撐過去才行。除了政府提供的補貼，新作物何時能帶來超過飼養乳牛的經濟收入，將決定過渡性農業能否成功。

Vanstone 在一場訪談中說：「作為一間企業，我們相信變革來自與人合作，而不是與人對抗。酪農和素食者容易敵視彼此，我們認為這既不健康又不必要。最好的途徑是我們共同合作，這也是我們將要採取的方法。」

「如果我們要做為一個物種生存下去，就必須徹底改變我們的飲食方式。」

——Brad Vanstone

團隊小檔案
Willicroft

- 於 2018 年由 Brad Vanstone 在荷蘭成立，是歐洲第一個獲得 B 型企業認證的純植物性乳酪品牌，致力於減低酪農業對氣候暖化的衝擊。
- Willicroft 的產品除了線上販售，更已打入荷蘭、比利時以及英國逾 850 家商店與超市，並在阿姆斯特丹市中心開設自有品牌的實體店面。
- https://willicroft.com/
#SDG12

趨勢五：循環經濟　#共享經濟

9 美國——Chicago Tool Library
提供工具租借服務，共享經濟降低資源浪費

共享經濟讓閒置工具變人民共有物

共享經濟近幾年蔚為流行，許多企業乘著這股風潮找到新商機成為行業巨頭，像是眾人熟悉的 Airbnb、Uber 等，Ubike 在臺灣也成為民眾平日最常接觸到的交通工具。

共享經濟主打善用閒置資源，以租用代替購買，一方面讓資源利用最大化，另一方面也減少人類商業活動對環境的衝擊。從房屋、交通工具、行動電源，甚至連工具設備都能共享，Chicago Tool Library（直譯為芝加哥工具圖書館，以下稱 CTL）便是其中一例。

第一間工具圖書館其實早在一九四三年即出現在美國密西根州，人們可以像借書一樣借工具。許多工具設備價格高昂、使用頻率又低，透過工具圖書館的機制，這些閒置的資源能夠被需要的人使用。現在全美國有超過五十間工具圖書館，座落於西雅圖、

CTL 有效放大工具資源的重複利用。圖片來源│CTL 官網

巴爾的摩、丹佛等城市。

CTL 的共同創辦人 Tessa Vierk 原本是一位在加州灣區餐廳工作的廚師，常常拜訪柏克萊的工具圖書館，當她搬到芝加哥後，驚訝於當地沒有類似機構，便計畫打造出一個屬於芝加哥的工具圖書館。

她旋即發了一份社區調查詢問當地市民對此概念的意願，結果得到熱烈的回應。她連絡上其中一位填答者 Jim Benton 共同商討細節，Benton 後來也成為 CTL 的共同創辦人。

沒過多久，兩人就在社群媒體上發布消息，向眾人徵求家中閒置的各種工具以及存放的空間，很幸運地，剛開幕就有一百六十位會員加入，成功募集到五百樣工具，並租下一處一千二百平方英尺（約三十坪）的空間。

自二〇一九年創立至今，CTL 已有近三千位會員，提供約五千樣工具，包括製麵機、鑽孔機、園藝軟管甚至露營用品。你可能會好奇，他們的營運資金從哪來呢？

超過兩千種工具只需隨喜價

CTL 採行 Pay-What-You-Want 的隨喜會員制度，任何

趨勢五：循環經濟
#共享經濟

芝加哥居民都可以到官網申請成為 CTL 的會員，只要每年繳交一筆自由心證的會員費即可享有租借服務，最高有人付了三百五十美金。

一旦成為會員，如同在圖書館借書的流程，在網路上可以瀏覽並下訂超過兩千種工具。完成預訂後，會員就可以前往實體店面租借自己要的物品。

租借的物品通常需要在一個禮拜後歸還，為避免惡意不還或是毀損，根據官網說明，在歸還物品之前都不能進行下次預約，如果情事嚴重甚至會取消會員資格。

平常營運的人手都是由當地熱心志工輪流擔任，工具設備也大多是來自外界的捐贈，工具圖書館需要大家的基本道德與共同規章去維護。

凝聚社區民眾的創意自信

CTL 認為，只要是能夠幫助人們完成任務的物品都可以稱之為工具。工具租借服務不僅讓民眾可以節省家中的空間與金錢，讓這些閒置的工具有用武之地，更能降低人類對環境的影響及碳足跡。

另一方面，圍繞著工具圖書館的周邊社區也因此被凝聚起來，人們拿著這些工具去修繕房屋內裝、製作手藝，得以發揮個人創意、提升自信。共同創辦人 Jim Benton 說：「我認為人們天生就有創造力，只要做些簡單的事情像是借用工具，他們就能夠創造出新東西。」

CTL 不僅僅是個租借工具的場所，更是促進當地社群情感的催化劑。過去曾舉辦工具交流會（Tool Swap），邀請大家把家中用不到的工具拿出來，讓有需要的人免費取走。放在倉庫的工具偶爾年久失修，但自己卻不知道怎麼修復時，就可以帶到修復市集（Repair Fairs），與具備技術能力的志工一起維修。

CTL 希望繼續將工具租借服務擴張到其他地區，由於目前都是志工協助營運，一週僅開放十個小時供民眾租借或歸還，因此規劃招募正職員工延長開館時間。

抱持著提供所有芝加哥人公平獲得工具設備與知識的願景，CTL 將號召民眾捐募與申請政府補助金，持續提高組織的服務品質，包括購置需求量大的工具、提供寄送服務與租下更大的儲藏空間。

「工具圖書館是要開放給人來體驗集體的資源而非個人資源。」

——Tessa Vierk

團隊小檔案
Chicago Tool Library

- 於 2019 年 8 月由 Jim Benton 與 Tessa Vierk 共同成立，是位於芝加哥的非營利組織，運用共享經濟概念提供當地民眾使用各種工具設備的公平機會。
- 以會員制的方式提供工具租借服務，只要每年依照自己的經濟能力繳交任意金額的會員費就可以借用任何工具。
- 目前擁有近 3000 名會員。館內 90% 的工具來自外界捐贈，總數約 5000 件。
- https://www.chicagotoollibrary.org/
  #SDG11、#SDG12

趨勢五：循環經濟　#海洋保育　#消除貧窮

10 加拿大——Plastic Bank
結合區塊鏈與塑膠回收生態系，為海洋減廢並扶貧

八成的海洋垃圾來自極度貧窮國家

如果你走進一間廚房，發現水龍頭沒有關，地上已經滿是積水，而你手上剛好有一個桶子、一支拖把、一支通樂。你會先做什麼？

這是 Plastic Bank 創辦人 David Katz 在 TED 演講上拋出來的問題，他的答案是：先把水龍頭關了。換句話說，與其不斷清理海洋裡的垃圾，不如在垃圾流入海洋前就把它回收。

Katz 原本是加拿大生產汽車 GPS 的製造商，同時也是一位潛水員。多年來，他在海岸邊常會看到塑膠垃圾，於是決定採取行動改善，並邀請 Shaun Frankson 擔任技術總監（CTO）一起創業。

他發現，每年人類會產生出三億多噸的塑膠，其中大約有一千萬噸會流入海洋，當中又有八十％來自極度貧窮的國家。畢竟，如果連最基本的生存需求都無法滿足，怎麼會有心力和時間去顧及塑膠回收？

貧窮民眾用垃圾也能換食物用品

他們的想法是將塑膠轉化為貧困人民的貨幣，在這個經濟系統中，民眾可以透過撿拾塑膠垃圾獲得貨幣，再換取需要的物資。

塑膠回收後，Plastic Bank 會再製成一種稱為社會塑膠（Social Plastic）的材料，以高於市場價格販售給製造商，最終轉變為產品的外包裝。社會塑膠不僅有助於減少海洋塑膠，而且還讓弱勢群體獲得穩定收入改善生活水平。

上：社會塑膠生態系有助於減少海洋塑膠，還能改善弱勢群體生活水平。下：Plastic Bank 於各地建立的回收據點獲得回收工作者以及製造商的信任。圖片來源｜3D Printing Media Network 網站

167　　趨勢五：循環經濟　｜　#海洋保育　#消除貧窮

趨勢五：循環經濟　#海洋保育　#消除貧窮

二○一五年，Plastic Bank 在海地建立第一個回收站，當時每個社區因為長期資源短缺，當地民眾對 Plastic Bank 宣傳的模式深感懷疑，但在 Katz 與 Frankson 鍥而不捨的努力下，成功地幫助到許多海地民眾。

二○一○年海地大地震讓 Lise Nasis 失去了丈夫、房屋以及經濟收入，但因為有 Plastic Bank 的支持，讓她得以靠回收謀生。她每天挨家挨戶搜集塑膠垃圾並帶到回收站，Plastic Bank 確認品質後，就會將相應的款項匯入她的帳戶，現在她已經有穩定收入且能夠負擔兩個女兒的學費，更重要的是，她重新拾得了自我價值感。

最一開始貨幣交易都是使用紙和筆，但為了因應國際化以及規模化，Plastic Bank 於二○一七年和 IBM 展開合作研發 App，運用區塊鏈技術追蹤塑膠回收週期與支付報酬，回收者可於 App 中註冊帳戶及電子錢包，所獲得的數位貨幣可以直接兌換金錢，或者到合作商店換取日常生活用品，從食物、燃料到電話費都行，甚至海地部分學校也接受抵用學費。

垃圾化為貨幣的關鍵在「信任」

根據官網，截至二○二三年一月，Plastic Bank 已於海地、印尼、菲律賓、巴西、埃及等國家建立據點，有超過四萬名回收工作者加入他們的行列，蒐集超過十萬噸塑膠，整個系統改善了十一萬位民眾經濟水準，平均提升了四十％的貧窮人口收入。

除了民眾參與度高，也有不少大型消費品生產商如 Henkel、Marks & Spencer、SC Johnson 等一同響應，德國的 Henkel 公司就承諾每年要購買一億公斤的社會塑膠，當消費者購買這種「社會塑膠」包裝的產品，就等同阻止了更多的塑膠廢料流入海洋。

Plastic Bank 核心在於「將垃圾化為貨幣」的商業模式，這個模式要能夠永續循環需要取得回收工作者以及製造商的信任，甚至依賴。回收者要信賴數位貨幣的價值，合作企業也要相信 Plastic Bank 的塑膠庫存與交易模式，這將會是接下來團隊繼續規模化的挑戰。

> 「也許清潔海洋是在做無用功，有可能如此，但防止海洋塑料卻可能是人類最寶貴的機會。」
> ——David Katz

團隊小檔案
Plastic Bank

- 由 David Katz 於 2013 年創立的社會企業，結合區塊鏈技術與回收系統，致力於解決海洋廢棄物問題，目標是「將塑膠廢棄物變得值錢，讓人捨不得將它丟到海洋中」。
- 截至 2023 年 10 月，不同國家已有超過 4 萬名回收工作者加入 Plastic Bank 的行列，蒐集了超過 10 萬噸的塑膠，平均提升了 40% 的貧窮人口收入。
- https://plasticbank.com/
  #SDG1、#SDG12、#SDG14

趨勢六：醫療創新　#健康福祉　#虛實整合

11 中國——叮噹快藥

打造O2O一條龍醫療平臺，全天候在線問診、送藥到家

結合醫藥與電商的服務革新

根據二○二一年中國人口普查結果，十四歲以下人口比重回升一·三五％，同時，高齡化程度進一步加深，顯示醫療產業仍存在發展空間。另一方面，中國醫藥電商交易成長率連續四年超過十五％，交易規模突破二千億人民幣大關，龐大的商機也吸引不少電商平臺加入。

中醫專業背景的楊文龍一九六二年出生，創辦叮噹快藥時就已是醫藥產業中的傳奇人物，掌舵的仁和集團旗下有數家藥品生產企業、藥物研究機構，總市值達數百億元。

但他並沒有因此而停滯，二○一四年看到中國醫療改革浪潮，政府持續放寬醫療服務的束縛，同時O2O平臺（Online to Offline）熱興，楊文龍意識到傳統醫藥與電商的結合是未來趨勢。馬雲也說：「下一個能夠超過我的人，一定出現在健康產業。」

當時團隊知道藥品是剛需，但在使用者病況輕微、去醫院掛號延誤時間、去藥房買藥距離又遠的情況下，多數人會選擇隱忍。因此，快速舒緩病患痛苦與提升服務速度便成了主打亮點。楊文龍喊出「核心區域二十八分鐘免費送藥到家」，一舉成為叮噹快藥紅遍大街小巷的口號。而這句口號的背後，代表著合作據點的密度及藥品物流的速度需要達到極高水準，也是對團隊的高度要求。

藥品外送＋智慧藥房＝一條龍醫療平臺

二○一五年，叮噹快藥上線。用戶只要打開App就可以瀏覽藥品資訊，並有專業藥師提供諮詢服務，用戶確定藥品後下單，再由合作實體藥店及物流完成送藥。

現在叮噹快藥業務主要分為兩塊：一是藥品外送服務，二是實體叮噹智慧藥房。一開始叮噹快藥選擇與其他藥店合作，不過很快地，楊文龍意識到這樣無法保證二十八分

實體叮噹智慧藥房提供了從問診到購藥的一站式健康解決方案。圖片來源│投中網網站

趨勢六：醫療創新　#健康福祉　#虛實整合

鐘送藥到家，因此下定決心自營藥店。即便面對外界質疑成本合理性，他依然認為只要配送量足夠大，自營的成本會比合作來得低。二〇二一年叮噹快藥在十七座城市中擁有三百四十八間自營藥房，此策略也幫助訂單量快速成長。

如果說送藥服務是打開市場的敲門磚，叮噹智慧藥房就是幫助企業繼續成長的助推器。用戶在智慧藥房可以快速監測血壓、血脂等常規健康數值，遇到輕微症狀時，藥房將自動推薦用戶合適的藥品。若有需要，還能直接連線在線醫生，由醫生開立電子處方，直接在藥房完成購藥。實現從問診到購藥的一站式健康解決方案。

從健康管理的角度來看，叮噹快藥為使用者建立專屬的電子病歷，並給予個人化健康管理方案，掌握使用者健康狀態的數據，結合送藥服務、線上醫療團隊，最終成為一條龍的醫療平臺。

團隊小檔案
叮噹快藥

- 2014 年由楊文龍成立，為線上醫療與藥品配送平臺，主打全天候在線問診、核心區域 28 分鐘送藥到家服務。
- 打造「網訂店送」O2O 運營模式，自營線下叮噹智慧藥房，搭配專業醫生團隊、執業藥師團隊以及專業藥品配送團隊，解決用戶問診買藥痛點。
- 2021 年 6 月初完成 2.2 億美元的新一輪融資，2022 年 9 月正式在港交所上市。
- https://www.ddky.com/
#SDG3

財務表現尚待突破

儘管整體社會趨勢有利於發展醫藥電商，市場也給予正面回饋，但財務表現並不如預期，自二〇一九年到二〇二一年，叮噹快藥淨虧損分別為 2.74 億（人民幣，下同）、9.2 億和 15.99 億。

叮噹快藥並非中國唯一一間醫藥電商平臺，阿里、京東等電商巨頭持續進佔瓜分。三年虧損超過二十億顯示市場競爭之激烈，銷售與推廣成本也不斷提高。以外送市場來說，美團、餓了麼同樣是潛在競爭對手，因為這些平臺擁有強大的物流體系，同樣可以實現一流的即時配送效率。

為因應這些挑戰，叮噹快藥一方面持續強化技術，挖掘出用戶健康大數據的價值，協助分析使用者的健康數據趨勢，另一方面嘗試構建「醫＋藥＋險」生態系，利用用戶健康數據，進一步和其他保險公司建立合作關係。

過去楊文龍挾帶著在產業沉澱的人脈、企業資源走到現在，未來，決定叮噹快藥能否轉虧為盈的關鍵，在於和其他電商巨頭做出差異化，並善用數據為用戶創造價值。不論如何，叮噹快藥都已經為醫療服務的普及與用藥的便利性帶來巨大貢獻。

「我們做這件事的初心就是滿足用戶的健康需求，我們的理念是一定要把用戶的體驗當作未來發展的生命線，以用戶為核心，提供極致服務。」

——楊文龍

趨勢六：醫療創新 #健康福祉 #醫療科技

12 葡萄牙——HeartGenetics

基因檢測客製化方案，精準增進人們健康福祉

從口水挖掘體內的基因密碼

全球基因檢測市場二〇一九到二〇二六年複合成長率預估達十一％，預計在二〇二六年突破一百八十億美金。

HeartGenetics 是一家葡萄牙數位醫療公司，透過在生物資訊、機器學習以及生物技術的創新，創造新型基因測試設備，只需要簡單的唾液樣本就能產出一份兼具實用性與易讀性的健康報告，讓更多人了解深藏在體內的基因密碼，並據此擬定個人化飲食、運動計畫。

創辦人 Ana Teresa Freitas 曾擔任里斯本大學高等理工學院 (Instituto Superior Técnico) 的教授，在資訊科學與生物資訊領域擁有近三十年研究與教學經驗。在漫長的教職生涯中，她一直想開發能增進人們健康福祉的產品。因此二〇一三年，她毅然決然放棄頂尖大學的教授頭銜創立 HeartGenetics，靠著厚實的科研基礎，公司在幾個月內就拿到一百萬歐元的投資建立實驗室。為了滿足歐盟醫療領域的規範，他們花了三年半獲得歐盟醫療器材認證，用於基因檢測和分析軟體。

目前企業主要服務三個垂直市場，分別是健康生活、心血管分析以及藥物遺傳學，根據 Freitas 的說法，HeartGenetics 可以保證超過九十九％的準確率。

HeartGenetics 透過創新技術來解讀人類基因資訊。
圖片來源｜HeartGenetics 官網

趨勢六：醫療創新　#健康福祉　#醫療科技

客製化基因報告價格親民

以最熱門的健康生活項目來看，HeartGenetics 提供四種主要基因檢測方案，分別針對飲食規劃、維生素 D、營養素與健身，只要十天，用戶就能拿到個人化基因報告。

每個方案除了檢測服務，還提供兩次和醫療人員的諮詢服務，即便用戶不是遺傳學家，也有專業人士協助解讀報告，掌握最適合自己身體的生活方式。

第一次諮詢時，醫療人員會簡單說明基因檢測的概念，接著會將說明書與唾液搜集工具包寄給用戶，搜集完成後再請用戶寄回實驗室。檢測完畢後就會進行第二次諮詢，用戶將收到基因檢測結果的詳細說明，醫療人員則基於其遺傳特徵再提供針對性的營養或運動建議。

基因檢測是該公司提供客製化方案的基礎，也會綜合用戶身體特徵（如年齡、性別、肌肉質量指數）及行為資訊（如飲食習慣、睡眠習慣）得到更準確的分析報告，四種方案價格從一百八十九到二百八十六歐元不等（折合台幣約六千到九千元），相比其他基因檢測服務便宜許多。在臺灣，服務一般民眾的全基因檢測售價大約是三到五萬。

成績亮眼持續拓展海外市場

根據 Zoominfo 資料顯示，HeartGenetics 的營收已來到一千八百萬歐元，未來將發展兩種收入來源：B2C 提供個人化健康建議，以及 B2B 授權軟體供其他企業使用。

截至二〇一九年，該公司已使用其軟體進行了一萬四千多次分析，服務範圍遍及葡萄牙、西班牙以及巴西，規劃繼續擴展到德國和英國。並於二〇二〇年獲得義大利知名基因實驗室供應商 Impact Lab Group 收購。

「我一直覺得自己是工程師，而不是科學家，所以我想打造一款產品，讓它對社會發揮作用。」

——Ana Teresa Freitas

團隊小檔案
HeartGenetics

- 由 Ana Teresa Freitas 於 2013 年在葡萄牙成立的數位健康公司，企業使命在於透過創新技術來解讀人類基因資訊，提升人類健康福祉。
- 公司藉由機器學習與數據分析，促進基因檢測技術的普及，進而提供客製化的飲食運動計畫，已於 2020 年由義大利知名基因實驗室供應商 Impact Lab Group 收購。
- https://www.heartgenetics.com/

#SDG3

提升人類健康福祉是 Ana Teresa Freitas 創辦 HeartGenetics 的期許。圖片來源｜HeartGenetics 官網

青年社會創新・第一本實戰指南
——兼具商模與永續,年輕世代邁向公益實踐

作　　　者	慈濟慈善事業基金會・Impact Hub Taipei
共 同 推 動	【慈濟慈善事業基金會】曹芹甄 吳尚儒 賴匀汝 【Impact Hub Taipei】陳昱築 張士庭 鄭芳瑜 易娪安 王郁欣 蔡慶揚 賴澤霖
執 行 編 輯	吳佩芬
美 術 設 計	呂德芬
行 銷 企 劃	蕭浩仰、江紫涓
行 銷 統 籌	駱漢琦
業 務 發 行	邱紹溢
營 運 顧 問	郭其彬
果 力 總 編	蔣慧仙
漫遊者總編	李亞南
出　　　版	果力文化/漫遊者文化事業股份有限公司
地　　　址	台北市大同區重慶北路二段八十八號二樓之六
電　　　話	886-2-27152022
傳　　　真	886-2-27152021
讀者服務信箱	service@azothbooks.com
果 力 臉 書	http://www.facebook.com/revealbooks
漫遊者臉書	http://www.facebook.com/azothbooks.read
漫遊者官網	http://www.azothbooks.com
劃 撥 帳 號	50022001
戶　　　名	漫遊者文化事業股份有限公司
發　　　行	大雁文化事業股份有限公司
地　　　址	新北市新店區北新路三段207-3號五樓
初 版 一 刷	2024年8月
定　　　價	台幣 550 元
ISBN 978-626-97185-8-0	

ALL RIGHTS RESERVED
版權所有・翻印必究（Printed in Taiwan）
本書如有缺頁、破損、裝訂錯誤,請寄回本公司更換。

國家圖書館出版品預行編目(CIP)資料

青年社會創新・第一本實戰指南:
兼具商模與永續,年輕世代邁向公益實踐/
慈濟慈善事業基金會・Impact Hub Taipei.
-- 初版. -- 臺北市:果力文化,
漫遊者文化事業股份有限公司出版:
大雁文化事業股份有限公司發行, 2024.08
　面；　公分
ISBN 978-626-97185-8-0(平裝)
1.CST: 企業社會學 2.CST: 社會發展
3.CST: 社會企業 4.CST: 創意
490.15　　112019279

漫遊,一種新的路上觀察學
www.azothbooks.com
漫遊者文化

大人的素養課,通往自由學習之路
www.ontheroad.today
遍路文化・線上課程